教育部-浪潮集团产学合作协同育人项目成果　　普通高等学校计算机教育"十三五"规划教材

**inspur 浪潮**

# Hadoop
# 应用开发与案例实战

慕课版

浪潮优派◎策划

穆建平 王建 商程◎主编

崔瑞娟 郭建磊 尹丛丛 郭长友◎副

人民邮电出版社

北京

#### 图书在版编目（CIP）数据

Hadoop应用开发与案例实战：慕课版 / 穆建平，王建，商程主编. -- 北京：人民邮电出版社，2021.4（2024.6重印）
普通高等学校计算机教育"十三五"规划教材
ISBN 978-7-115-53778-2

Ⅰ. ①H… Ⅱ. ①穆… ②王… ③商… Ⅲ. ①数据处理软件－高等学校－教材 Ⅳ. ①TP274

中国版本图书馆CIP数据核字(2020)第059688号

### 内 容 提 要

Hadoop 是目前比较流行的大数据框架之一，它使用简单的高级编程模型即可实现大型数据集的分布式存储和处理。

本书以 Hadoop 的概念、集群搭建、核心组件、实战案例等为主线，较为全面地介绍了 Hadoop 大数据存储及处理技术的相关知识。全书共 10 章，前 9 章主要讲解了 Hadoop 的基础知识，内容包括初识 Hadoop、Hadoop 的安装与配置、高可用与联邦、分布式文件系统 HDFS、集群资源管理系统 YARN、分布式计算框架 MapReduce、Hadoop 的 I/O 操作、Hadoop 3.x 的新特性、Hadoop 商业发行版等；第 10 章是 Hadoop 实战案例，以实际 Hadoop 框架的运用为导向引入了三个实战案例：Avro 文件合并及多目录输出、网页域名分区统计及电商平台商品评价数据分析。

本书既可作为高校大数据相关技术类专业的教材和辅导书，也可作为大数据技术爱好者的自学用书。

◆ 主　编　穆建平　王　建　商　程
　　副主编　崔瑞娟　郭建磊　尹丛丛　郭长友
　　责任编辑　张　斌
　　责任印制　王　郁　马振武

◆ 人民邮电出版社出版发行　北京市丰台区成寿寺路11号
　　邮编　100164　电子邮件　315@ptpress.com.cn
　　网址　https://www.ptpress.com.cn
　　山东华立印务有限公司印刷

◆ 开本：787×1092 1/16
　　印张：13.5　　　　　　　　　　2021年4月第1版
　　字数：284千字　　　　　　　　2024年6月山东第7次印刷

定价：49.80元

读者服务热线：(010)81055256　印装质量热线：(010)81055316
反盗版热线：(010)81055315
广告经营许可证：京东市监广登字20170147号

# 前言

Apache Hadoop 是一款由 Apache 基金会开发的，用于大数据分布式存储和处理的开源软件。它所提供的软件库允许用户在完全不了解底层实现细节的情况下，使用简单的编程模型实现在跨计算机集群中对大规模数据集进行分布式处理。Hadoop 的分布式集群架构可以搭建在廉价的 X86 服务器上，它具有高可靠性、高扩展性、高容错性以及低成本等优点。目前，Hadoop 已经成长为一个全栈式大数据技术生态圈，并且在互联网等领域得到了广泛的运用。

党的二十大报告中提到，坚持面向世界科技前沿、面向经济主战场、面向国家重大需求、面向人民生命健康，加快实现高水平科技自立自强。浪潮集团是我国重要的云计算、大数据服务商，旗下拥有浪潮信息、浪潮软件、浪潮国际三家上市公司，业务涵盖云数据中心、云服务大数据、智慧城市、智慧企业四大产业群组，形成了涵盖 IaaS、PaaS、SaaS 三个层面的整体解决方案服务能力。浪潮集团是先进的信息科技产品与解决方案服务商，也是"云+数+AI"新型互联网企业，引领信息科技浪潮，推动社会文明进步。

浪潮优派科技教育有限公司（以下简称浪潮优派）是浪潮集团的下属子公司，本书由浪潮优派具有多年开发经验和实训经验的 IT 培训讲师撰写，全书各章知识点讲解条理清晰、循序渐进。本书配有实战案例的源代码、视频资料和电子课件，读者可登录人邮教育社区（www.ryjiaoyu.com）下载。

本书共 10 章，各章内容如下。

第 1 章　初识 Hadoop：介绍了 Hadoop 的背景及发展历程、Hadoop 的核心组件、Hadoop 生态系统及相关技术，以及 Hadoop 的十大应用场景。

第 2 章　Hadoop 的安装与配置：主要讲解 Hadoop 集群的两种安装与配置方式——伪分布式安装和完全分布式安装，此外还介绍了如何在正常运行的集群环境中动态添加、删除节点。

第 3 章　高可用与联邦：主要介绍了高可用的概念、必要性以及 Hadoop 高可用的搭建过程，此外还讲解了联邦的概念以及联邦主要解决的问题。

第 4 章　分布式文件系统 HDFS：主要介绍了 HDFS 的概念、架构及读写数据的流程，此外还讲解了 HDFS 操作所涉及的 Shell 命令、HDFS 常用的 API 应用等。

第 5 章　集群资源管理系统 YARN：介绍了 YARN 的产生背景、基本架构和工作流程。

第 6 章　分布式计算框架 MapReduce：重点讲解了 MapReduce 的处理过程，并通过一个入门案例详细演示了 MapReduce 的执行过程。

第 7 章　Hadoop 的 I/O 操作：主要讲解了序列化的概念，重点介绍了 Hadoop 常用序列化的接口以及从文件中读写数据所涉及的相关接口的使用。

第 8 章　Hadoop 3.x 的新特性：主要介绍了 Hadoop 3.x 的发展背景、Hadoop 3.x 相对于 Hadoop 2.x 的改进以及 Hadoop 3.x 其他的新特性。

第 9 章　Hadoop 商业发行版：重点讲解了当前比较流行的商业发行版 CDH 的部署与应用，此外还简单介绍了 HDP、MapR Hadoop 和华为 Hadoop 等其他商业发行版本。

第 10 章　Hadoop 实战案例：本章采用浪潮集团真实的大数据项目，重点讲解 Avro 文件合并及多目录输出、网页域名分区统计和电商平台商品评价数据分析三个实战案例。

本书由浪潮优派的穆建平、王建、商程担任主编，浪潮优派的崔瑞娟、山东电子职业技术学院的郭建磊、山东管理学院的尹丛丛、德州学院的郭长友担任副主编。他们对全书进行了审核和统稿。此外，参与本书编写的人员还有浪潮卓数大数据产业发展有限公司的姚民伟、杨胜华和杨照通。另外，为了使本书更适合高校的需要，与浪潮集团有合作关系的部分高校老师也协助了本书的编写工作,有山东女子学院胡蔚蔚，德州学院胡凯，山东管理学院常晓炜、刘乃文、刘涛、赵丽丽、李雅林和王高峰。感谢他们在本书撰写过程中所提供的帮助和支持。

由于时间仓促和编者水平有限，书中难免存在一些疏漏和不足之处，欢迎读者朋友批评指正。

编者<br>2023 年 5 月

# 目 录 CONTENTS

## 第1章 初识 Hadoop ·············· 1
### 1.1 Hadoop 概述 ··············· 1
#### 1.1.1 Hadoop 简介 ············ 1
#### 1.1.2 Hadoop 的背景 ·········· 2
#### 1.1.3 Hadoop 的发展历程 ······ 3
#### 1.1.4 Hadoop 的特点 ·········· 3
### 1.2 Hadoop 核心组件 ············ 4
#### 1.2.1 分布式文件系统 HDFS ···· 4
#### 1.2.2 分布式计算框架 MapReduce ···· 5
#### 1.2.3 集群资源管理系统 YARN ···· 6
### 1.3 Hadoop 生态系统及相关技术 ···· 7
### 1.4 Hadoop 的应用场景 ·········· 10
### 本章小结 ······················ 11
### 习题 ························· 12

## 第2章 Hadoop 的安装与配置 ·············· 13
### 2.1 Hadoop 的三种安装方式 ······ 13
### 2.2 伪分布式安装 ··············· 14
#### 2.2.1 安装前的准备工作 ········ 14
#### 2.2.2 安装与配置 ············· 19
#### 2.2.3 启动与停止 Hadoop ······ 22
#### 2.2.4 访问 Hadoop ············ 24
### 2.3 完全分布式安装 ············· 25
#### 2.3.1 Hadoop 集群规划 ······· 25
#### 2.3.2 安装前的准备工作 ······· 25
#### 2.3.3 安装与配置 ············· 28
#### 2.3.4 集群启动与监控 ········· 30
#### 2.3.5 集群节点的添加与删除 ···· 32
### 本章小结 ······················ 34
### 习题 ························· 35

## 第3章 高可用与联邦 ············· 36
### 3.1 高可用概述 ················ 36
### 3.2 HDFS 高可用 ··············· 37
#### 3.2.1 HDFS 高可用的运行流程 ··· 38
#### 3.2.2 HDFS 高可用的环境搭建 ··· 39
### 3.3 YARN 高可用 ··············· 48
### 3.4 联邦 ······················ 51
### 本章小结 ······················ 52
### 习题 ························· 52

## 第4章 分布式文件系统 HDFS ·············· 54
### 4.1 HDFS 概述 ················ 54
#### 4.1.1 HDFS 简介 ············· 54
#### 4.1.2 HDFS 架构 ············· 55
### 4.2 HDFS 的基本概念 ··········· 56
#### 4.2.1 命名空间与块存储服务 ···· 56
#### 4.2.2 数据块 ················ 57
#### 4.2.3 数据复制 ·············· 57
#### 4.2.4 心跳检测与副本恢复 ····· 58
### 4.3 HDFS 的数据读写流程 ······· 59
#### 4.3.1 数据写入流程 ··········· 59
#### 4.3.2 数据读取流程 ··········· 60
### 4.4 HDFS 元数据管理机制 ······· 61
#### 4.4.1 元数据持久化机制 ······· 61
#### 4.4.2 元数据合并机制 ········· 62
### 4.5 HDFS Shell 命令 ··········· 63
#### 4.5.1 文件系统常用操作命令 ···· 63
#### 4.5.2 常用管理命令 dfsadmin ··· 66
### 4.6 搭建开发环境 ··············· 69
#### 4.6.1 Maven 简介 ············ 69

4.6.2 基于 Maven+Eclipse 构建
　　　　Hadoop 开发调试环境 ············ 69
4.7 Java API 的应用 ······················ 73
　　4.7.1 HDFS 文件系统操作涉及的类 ····· 73
　　4.7.2 RPC 的原理及应用 ············· 77
本章小结 ····································· 79
习题 ········································· 79

## 第 5 章　集群资源管理系统 YARN ············ 80

5.1 YARN 的产生背景 ···················· 80
5.2 YARN 在共享集群模式中的应用 ···· 82
5.3 YARN 的设计思想 ···················· 83
　　5.3.1 YARN 的基本架构 ··············· 83
　　5.3.2 ResourceManager HA ············ 85
5.4 YARN 的工作流程 ···················· 87
5.5 YARN 的资源调度器 ················· 88
　　5.5.1 调度选项 ························ 88
　　5.5.2 FIFO Scheduler ·················· 88
　　5.5.3 Capacity Scheduler ·············· 89
　　5.5.4 Fair Scheduler ·················· 91
本章小结 ····································· 96
习题 ········································· 96

## 第 6 章　分布式计算框架 MapReduce ············ 97

6.1 MapReduce 概述 ······················ 97
6.2 map 和 reduce 的处理过程 ··········· 98
　　6.2.1 处理过程概述 ··················· 98
　　6.2.2 MapReduce 入门案例 ············ 99
　　6.2.3 shuffle 概述 ···················· 104
　　6.2.4 YARN 对 MapReduce 的资源
　　　　　调度 ···························· 105
　　6.2.5 map 的本地化 ·················· 106
6.3 MapReduce 进阶 ····················· 106
　　6.3.1 Combiner ······················· 106

6.3.2 Partitioner ····················· 107
6.3.3 MapReduce 输入的处理类 ····· 108
6.3.4 MapReduce 输出的处理类 ····· 109
6.4 案例 ··································· 110
　　6.4.1 数据清洗 ······················ 110
　　6.4.2 统计冠军数量并存储 ·········· 114
　　6.4.3 使用自定义 OutputFormat 来
　　　　　实现多文件存储 ············· 117
　　6.4.4 去除部分历史数据并存储 ····· 119
本章小结 ···································· 122
习题 ········································ 122

## 第 7 章　Hadoop 的 I/O 操作 ············ 123

7.1 I/O 操作中的数据完整性检查 ····· 123
7.2 I/O 操作中的数据压缩 ············· 124
　　7.2.1 压缩算法 ······················ 124
　　7.2.2 压缩和解压缩 ················· 125
7.3 Hadoop I/O 序列化接口 ············ 126
　　7.3.1 序列化概述 ··················· 126
　　7.3.2 Hadoop 序列化 ················ 126
7.4 自定义序列化类 ····················· 129
7.5 基于文件的数据结构 ··············· 130
　　7.5.1 SequenceFile ··················· 130
　　7.5.2 SequenceFileInputFormat ······· 131
本章小结 ···································· 132
习题 ········································ 132

## 第 8 章　Hadoop 3.x 的新特性 ············ 133

8.1 Hadoop 3.x 概述 ····················· 133
8.2 Hadoop 3.x 的改进 ·················· 134
　　8.2.1 JDK 升级 ······················ 134
　　8.2.2 EC 技术 ······················· 134
　　8.2.3 YARN 优化 ···················· 136
　　8.2.4 支持多 NameNode ············· 138

8.2.5 DataNode 内部负载均衡 ……… 141
8.2.6 端口号的改变 ……………… 143
8.3 Hadoop 3.x 其他的新特性 ……… 143
8.3.1 Shell 脚本重写 …………… 143
8.3.2 GPU 和 FPGA 支持 ……… 144
本章小结 …………………………… 144
习题 ………………………………… 144

## 第 9 章 Hadoop 商业发行版 ……………… 146

9.1 Hadoop 集群管理的挑战 ……… 146
9.2 CDH 概述 ……………………… 147
9.3 Cloudera Manager 概述 ……… 148
  9.3.1 Cloudera Manager 的架构 …… 148
  9.3.2 Cloudera Manager 中的基本概念 ……………………… 149
9.4 Cloudera Manager 及 CDH 离线安装部署 …………………… 151
  9.4.1 集群部署规划 …………… 151
  9.4.2 安装前的准备工作 ……… 153
  9.4.3 前置软件安装 …………… 153
  9.4.4 Cloudera Manager 安装与配置 ……………………… 155
  9.4.5 CDH 部署 ……………… 157
  9.4.6 Cloudera Manager 搭建 Hadoop 集群 ……………………… 158
  9.4.7 启用 HDFS HA 和 YARN HA … 164
9.5 Cloudera Manager 的功能 ……… 168
  9.5.1 Cloudera Manager 的基本核心功能 ……………………… 168
  9.5.2 Cloudera Manager 的高级功能 ……………………… 174
9.6 Hadoop 其他商业发行版介绍 …… 175

9.6.1 HDP ……………………… 175
9.6.2 MapR Hadoop …………… 177
9.6.3 华为 Hadoop …………… 177
本章小结 …………………………… 177
习题 ………………………………… 177

## 第 10 章 Hadoop 实战案例 ……………… 179

10.1 项目背景 ……………………… 179
10.2 Apache Avro …………………… 180
  10.2.1 Apache Avro 概述 ……… 180
  10.2.2 Schema ………………… 180
  10.2.3 Avro 序列化与反序列化案例 ……………………… 181
10.3 案例一：Avro 文件合并及多目录输出 ……………………… 184
  10.3.1 需求概述 ……………… 184
  10.3.2 数据描述 ……………… 184
  10.3.3 设计思路分析 ………… 185
  10.3.4 功能实现 ……………… 186
10.4 案例二：网页域名分区统计 …… 191
  10.4.1 需求概述 ……………… 191
  10.4.2 数据描述 ……………… 191
  10.4.3 设计思路分析 ………… 194
  10.4.4 功能实现 ……………… 194
10.5 案例三：电商平台商品评价数据分析 ……………………… 200
  10.5.1 需求描述 ……………… 200
  10.5.2 数据描述 ……………… 200
  10.5.3 设计思路分析 ………… 201
  10.5.4 功能实现 ……………… 201
本章小结 …………………………… 206
习题 ………………………………… 207

# 第1章 初识Hadoop

**学习目标**
- 认识 Hadoop
- 了解 Hadoop 的背景及发展历程
- 掌握 Hadoop 的核心组件
- 掌握 Hadoop 的体系架构
- 了解 Hadoop 的生态系统
- 了解 Hadoop 的应用场景

随着时代的发展，类似互联网应用、科学数据处理、商业智能数据分析等具有海量数据需求的应用变得越来越普遍。从科学研究和应用开发的角度来看，针对大数据处理的新技术也在不断地发展和应用中，并逐渐成为数据处理挖掘行业广泛使用的主流技术之一。本章重点介绍一款非常有代表性的大数据处理框架——Hadoop。

## 1.1 Hadoop 概述

### 1.1.1 Hadoop 简介

Apache Hadoop 是一款由 Apache 软件基金会开发的可靠的、可伸缩的分布式计算的开源软件。Apache Hadoop 软件库是一个框架，它允许使用简单的编程模型在跨计算机集群中对大规模数据集进行分布式处理。它的设计目的是从单一的服务器扩展到由成千上万台机器组成的集群，集群中的每台机器都提供本地计算和存储，并将存储的数据备份在多个节点，由此提升集群的可用性。Apache Hadoop 软件库的设计目的还有在应用层检测和处理故障，而不是依赖硬件来提供高可用性。当一台机器宕机时，其他节点依然可以提供备份数据和计算服务，从而可以继续为计算机集群提供高可用性服务。

Hadoop 概述

Hadoop 框架最核心的设计是 HDFS（Hadoop Distributed File System，Hadoop 分布式文件系统）和 MapReduce（分布式计算框架），Hadoop 2.0 及之后的版本又引入了 YARN（集群资源管理系统），如图 1-1 所示。

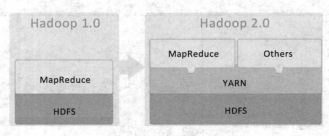

图 1-1　Hadoop 的核心组成

### 1.1.2　Hadoop 的背景

Hadoop 最早起源于开源的网络搜索引擎 Apache Nutch 项目，此项目也是 Lucene 项目的一部分，它的设计目标是构建一个大型的全网搜索引擎，创始人是道格·卡廷（Doug Cutting）。

Nutch 项目开始于 2002 年，道格·卡廷与好友迈克·卡弗雷拉（Mike Cafarella）认为网络搜索引擎由一个互联网公司垄断"非常可怕"，于是决定开发一个可以替代当时主流搜索产品的开源搜索引擎，并将该项目命名为 Nutch。Nutch 致力于提供开源搜索引擎所需的全部工具集，包括网页抓取、索引、查询等功能。但随着抓取网页数量的增加，他们遇到了一个严重的可扩展性问题，系统架构的灵活性不够，只能支持几亿条数据的抓取、索引和搜索，不足以解决数十亿个网页的搜索问题。

2003 年和 2004 年，谷歌（Google）公司先后发表了两篇论文为 Nutch 遇到的问题提供了可行的解决方案。2003 年，谷歌发表的论文《谷歌文件存储系统》(The Google File System) 描述了谷歌产品的架构，该架构被称为"谷歌分布式系统"，简称 GFS。Nutch 的开发者们发现 GFS 架构能满足网页抓取和搜索过程中生成的超大文件系统存储的需求，同时 GFS 还能够节省系统管理所使用的大量时间。于是，Nutch 的开发者们借鉴谷歌新技术开始进行开源版本的实现，即 Nutch 分布式文件系统（Nutch Distributed File System，NDFS）。2004 年，谷歌又发表了论文《MapReduce：面向大型集群的简化数据处理》(MapReduce: Simplified Data Processing on Large Clusters) 向人们介绍 MapReduce 框架。Nutch 的开发者们又发现 Google MapReduce 所解决的大规模搜索引擎数据处理问题，正好是他们当时面临的急待解决的问题，于是他们便模仿 Google MapReduce 框架的设计思路，用 Java 设计并实现了一套新的 MapReduce 并行处理软件系统，在 Nutch 项目上开发了一个可工作的 MapReduce 应用。

2005 年年初，Nutch 的开发者们在 Nutch 上实现了一个 MapReduce 算法，半年后，Nutch 的所有主要算法均完成了移植，使用 MapReduce 和 NDFS 联合运行。

2006 年 1 月，卡廷加入了雅虎（Yahoo）公司。

2006 年 2 月，开发人员将 NDFS 和 MapReduce 移出了 Nutch，形成了 Luene 的子项目，

并将之正式命名为 Hadoop。Hadoop 这个名字不是一个缩写，而是一个虚构的名字，来源于卡廷儿子的一只黄色的大象毛绒玩具的名字。他的儿子一直称呼它为 Hadoop，这刚好满足卡廷的命名需求，简短、容易拼写、发音毫无意义且不会在别处使用，于是 Hadoop 就诞生了。

### 1.1.3 Hadoop 的发展历程

自卡廷加入雅虎后，雅虎就组织了一个专门的团队致力于发展 Hadoop 成为能够处理海量数据的分布式系统，从此，Hadoop 的发展也逐渐成熟起来。首先是集群规模，从最开始的仅支持几十个节点发展到能支持上千个节点，然后是除搜索以外的业务，雅虎逐步将自己的广告系统的数据挖掘相关工作也迁移到了 Hadoop 上，进一步促进了 Hadoop 系统的成熟与发展。

2007 年，纽约时报在亚马逊（Amazon）公司的 100 个虚拟机服务器上使用 Hadoop 转换了 4TB 的图片数据，此事加深了人们对 Hadoop 的印象。

2008 年 4 月，Hadoop 打破世界纪录，在 900 个节点的 Hadoop 集群上完成对 1TB 数据的排序，仅花了 209 秒。

2008 年 7 月，雅虎的测试节点增加到了 4000 个。

2009 年 5 月，有报道称雅虎的团队使用 Hadoop 对 1TB 的数据进行排序只花了 62 秒。

2011 年，雅虎将 Hadoop 团队独立出来，成立了一个子公司 Hortonworks 专门提供 Hadoop 相关的服务。

2011 年 12 月 27 日，Hadoop 1.0.0 版本发布，标志着 Hadoop 已经初具生产规模。

2012 年，Hortonworks 公司在 Hadoop 的基础上推出了与原框架有较大差异的 YARN 框架的第一个版本，从此对 Hadoop 的研究又打开了一个新的局面。

2013 年 2 月，WANdisco 公司推出了全球第一款可用于实际业务环境的 Apache Hadoop 2——Wandisco Distro（WDD）。WDD 经过 Wandisco 的全面测试，并结合 Wandisco 的 Active-Active 实时分布式技术，可以消除 Hadoop 所固有的单点故障（Single Points of Failure，SPOF）。

2014 年，Hadoop 2.x 的更新速度得到加快，从 2.3.0 到 2.6.0，极大地完善了 YARN 框架和整个集群的功能。

2015 年，YARN 取得了重大的进展。

2016 年 9 月，Hadoop 3.3.3-alpha1 版本发布，它是第一个 alpha 版本。

2017 年 12 月，Apache Hadoop 3.0.0 GA 版本正式发布，从此用户可以正式在线上使用 Hadoop 3.0.0。

### 1.1.4 Hadoop 的特点

Hadoop 是一个能够对大量数据进行分布式处理的软件框架，用户可以轻松地在 Hadoop 上开发和运行处理海量数据的应用程序，它具有以下几个方面的特点。

(1）高可靠性

Hadoop 能够自动地维护数据的多份副本，其集群部署在多台机器上，可避免出现当一个节点机器宕机时整个集群损坏的现象。如果集群环境中数据处理的请求失败，则 Hadoop 会自动重新部署计算任务。

（2）高扩展性

Hadoop 是在可用的计算机集群间分配数据并完成计算任务的，而且在已运行的集群环境中可以方便地添加新节点，从而扩大集群规模。

（3）高效性

作为并行分布式计算框架，Hadoop 采用了分布式存储和分布式处理两大核心技术，而且 Hadoop 能够在节点之间动态地移动数据，并保证各个节点的动态平衡，因此处理速度非常快。

（4）高容错性

Hadoop 的分布式文件系统 HDFS 采用冗余数据存储方式，自动保存数据的多个副本，并且能够自动将失败的任务进行重新分配，从而提高了 Hadoop 的容错能力。

（5）成本低

Hadoop 可以通过普通的机器搭建服务器集群，成本较低。此外，与一体机、商用数据仓库以及 QlikView、Yonghong Z-Suite 等数据集市相比，Hadoop 是开源的，项目的软件成本也因此会大大降低。

（6）运行在 Linux 平台上

Hadoop 是基于 Java 语言开发的，可以较好地运行在 Linux 平台上。

（7）支持多种编程语言

Hadoop 上的应用程序也可以使用其他语言来编写，如 C++。

## 1.2　Hadoop 核心组件

自 Hadoop 2.0 版本之后，引入了 YARN 集群资源管理系统，从此 Hadoop 的核心组件也由 1.x 版本的两大核心组件（HDFS 和 MapReduce）演变成了 2.x 版本的三大核心组件（HDFS、MapReduce 和 YARN）。本节将针对每一核心组件进行简单概述，而具体、深入的内容将在后续内容进行详细介绍。

Hadoop 核心组件

### 1.2.1　分布式文件系统 HDFS

HDFS（Hadoop Distributed File System，Hadoop 分布式文件系统）是 Hadoop 的核心组件之一，作为最底层的分布式存储服务而存在。

HDFS 是一个高度容错的系统，能检测和应对硬件故障，可在低成本的通用硬件上运行。分布式文件系统在大数据时代有着广泛的应用前景，它为存储和处理超大规模数据提供所需的扩展能力。

HDFS 采用主/从（Master/Slave）架构，一般一个 HDFS 集群由一个 NameNode、一个 SecondaryNameNode 和多个 DataNode 组成。NameNode 是 HDFS 集群的主节点，是一个中心服务器，负责存储和管理文件系统的元数据（节点信息）。SecondaryNameNode 辅助 NameNode，分担其工作量，用于同步元数据信息。DataNode 是 HDFS 集群的从节点，存储实际的数据，并汇报存储信息给 NameNode。每种角色各司其职，共同协调完成分布式文件的存储服务。

HDFS 被设计成适合运行在通用和廉价硬件上的分布式文件系统，它和现有的分布式文件系统有很多共同点。HDFS 是基于流式数据模式访问和处理超大文件的需求而开发的，下面简单介绍 HDFS 的优缺点。

1. 优点

（1）高容错性

向 HDFS 上传的数据会自动保存多个副本，通过增加副本的数量可以增强其容错性。如果一个副本丢失，则 HDFS 会启动备份策略完成新的备份。

（2）适合大数据处理

HDFS 能够处理 GB、TB 甚至 PB 级别的数据，文件数量的规模可达百万，数据量非常大。

（3）流式数据访问

HDFS 以流式数据访问存储文件，"一次写入，多次读取"，文件一旦写入，就不能修改，只能增加。

2. 缺点

（1）不适合低延迟数据访问

针对用户要求时间比较短的低延迟请求，HDFS 不太适合。因为 HDFS 是为了处理海量数据集而设计的，为了达到高数据吞吐量，只能以牺牲低延迟为代价。

（2）无法高效存储大量小文件

因为 NameNode 把文件系统的元数据信息存放于内存中，故而文件系统能容纳的文件数目就取决于 NameNode 的内存大小。如果写入的小文件太多，则 NameNode 内存会被占满，从而无法写入新文件信息。

（3）不适合并发写入，不支持文件随机修改

在 HDFS 中的文件一次只能由一个用户写入，而且写操作只能在文件末尾完成。目前还不支持多个用户同时对同一文件进行写操作，以及在文件任意位置进行修改等情况。

## 1.2.2 分布式计算框架 MapReduce

MapReduce 是 Hadoop 的一个分布式计算框架，也是一种大规模数据集并行运算的编程模型，主要用于处理海量数据的运算。MapReduce 主要包括 map（映射）和 reduce（规约）

两部分。它是一个分布式运算程序的编程框架,其核心功能是将用户编写的业务逻辑代码和自带的默认组件整合成一个完整的分布式运算程序,并发运行在 Hadoop 集群上。

MapReduce 是 Google 公司的核心计算模型,它将运行于大规模集群上。目前 MapReduce 非常流行,它具有以下几个优势。

(1)编程简单

程序开发者只需要简单地实现一些接口,就可以完成一个分布式应用程序,因为 MapReduce 通过抽象模型和计算框架把需要做什么和具体怎么做进行了拆分,为程序员提供了一个抽象的编程接口和框架,程序员仅需关心其应用层的具体计算问题,至于如何完成这个并行计算任务相关的细节则被隐藏起来,交由计算框架去处理。

(2)可扩展性强

当计算机资源不能得到满足的时候,可以通过简单地增加集群中的节点服务器数量来扩展它的计算能力。多项研究发现,基于 MapReduce 的计算能力可以随着节点数目增长保持近似于线性的提升,这个特点是 MapReduce 处理海量数据的关键,通过将计算节点增至几百甚至上千个便可以很容易地处理数百 TB 甚至 PB 级别的离线数据。

(3)高容错性

MapReduce 设计的初衷是为了使程序能够部署在廉价的个人计算机上,这就要求它具有很高的容错性。假如集群中的一台机器宕机了,那么它可以把上面的计算任务转移到另一个节点的机器上运行,不至于让这个任务运行失败,而且这个过程不需要人工参与,完全由 Hadoop 内部完成。

MapReduce 虽然有很多的优势,但是也有一些不足之处,主要表现在以下几个方面。

(1)执行速度慢

普通的 MapReduce 作业几分钟就可以完成,数据量大的可能需要几个小时,甚至一天的时间。

(2)不适合流式计算

流式计算输入的数据要求是动态的,而 MapReduce 的输入数据是静态的,不能动态变化。

(3)不适合 DGA(有向无环图)计算

因为每个 MapReduce 作业的中间结果都需要"落地",需要保存到磁盘,故而会对磁盘进行大量的 I/O 操作从而影响其性能。

### 1.2.3 集群资源管理系统 YARN

Hadoop YARN 是开源 Hadoop 分布式处理框架中的资源管理和作业调度框架,它是 Apache Hadoop 的核心组件之一。YARN 负责将系统资源分配给在 Hadoop 集群中运行的各种应用程序,并调度在不同集群节点上执行的任务。Hadoop 1.0 版本中尚未引入 YARN, Hadoop 2.0 版本中正式加入了 YARN 组件。

YARN 的基本思想是将资源管理和作业调度/监视的功能分解为单独的 Daemon（守护进程），其拥有一个全局的 ResourceManager（RM，下文中出现此组件时均以 RM 代表）和每个应用程序的 ApplicationMaster（AM，下文中出现此组件时均以 AM 代表）。应用程序可以是单个作业，也可以是作业的有向无环图（Directed Acyclic Graph，DAG）。

YARN 管理资源采用的是 Master/Slave 架构，RM 和 NodeManager（NM，下文中出现时均以 NM 代表）构成了资源管理框架。在整个 YARN 集群中，其中一个节点上运行的 RM 进程作为 Master，其余每个节点上运行的 NM 进程作为 Slave。RM 负责对集群中的所有资源进行统一的管理和调度。NM 进程负责单个节点上的资源管理，它能监控一个节点上 Container 资源的使用情况（如 CPU、内存、硬盘、网络等），并将之报告给 RM。

YARN 主要由 RM、AM、NM、和 Container 等组件构成，下面概括介绍这些组件。

（1）RM 是 Master 上一个独立运行的进程，负责集群统一的资源管理、调度、分配等。

（2）AM 相当于管理在 YARN 内运行的应用程序的每一个实例，负责协调来自 RM 的资源，并通过 NM 监视容器的执行和资源使用情况（如 CPU、内存等的资源分配），同时负责向 RM 申请资源、返还资源等。

（3）NM 是 Slave 各节点机器上运行的独立进程，负责定时向 RM 汇报本节点的资源使用和运行情况，同时可以接收并处理来自 AM 的资源启动、停止等请求。

（4）Container 是 YARN 中的资源抽象，封装了某个节点上的多维度资源，如内存、CPU、磁盘、网络等，当 AM 向 RM 申请资源时，RM 为 AM 返回的资源便是用 Container 表示的。YARN 会为每个任务分配一个 Container，且该任务只能使用该 Container 中描述的资源。

## 1.3 Hadoop 生态系统及相关技术

当今的 Hadoop 已经成长为一个庞大的生态体系，随着生态体系的成长，新出现的项目也越来越多，其中不乏一些非 Apache 主管的项目，这些项目对 Hadoop 做了更好的补充或者更高层的抽象，如图 1-2 所示。

下面简单介绍在此生态系统中出现的常用组件。

（1）HBase

HBase（Hadoop DataBase）是一个分布式的、面向列的开源数据库，也是一个比较流行的 NoSQL 数据库。HBase 在 Hadoop 之上提供了类似 Google 设计的分布式数据库 Bigtable 的能力，主要解决非关系型数据库的数据存储问题。

HBase 是一个可伸缩、高可靠、高性能、分布式和面向列的动态数据库，适合在随机、实时读写大数据操作时使用。利用 HBase 技术可在廉价的 PC 服务器上搭建大规模结构化存储集群，利用 Hadoop 的 HDFS 作为文件存储系统，利用 Hadoop 的 MapReduce 处理 HBase 中的海量数据，利用 ZooKeeper 作为协同服务。

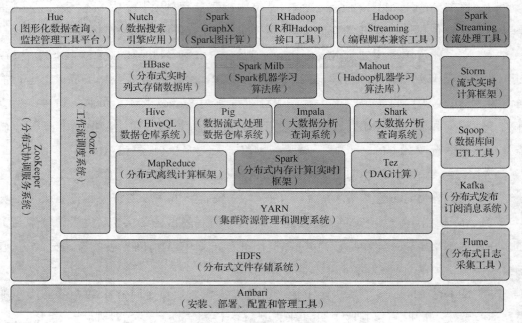

图 1-2　Hadoop 生态系统

（2）Hive

Hive 由 Facebook 开源，最初用于解决海量结构化的日志数据统计问题。它是构建于 Hadoop 集群之上的数据仓库，提供的一系列工具可存储数据、查询和分析存储在 Hadoop 中的大规模数据。

Hive 定义了一种类 SQL 语言 HiveQL，通过简单的 HiveQL 语言可将数据操作转换为复杂的 MapReduce 程序，并运行在 Hadoop 集群之上。

（3）Sqoop

Sqoop 是 SQL-to-Hadoop 的缩写，主要用于传统数据库(如 MySQL、Oracle 等)和 Hadoop 之间数据的传输。它可以将一个关系型数据库中的数据导入 Hadoop 的 HDFS 中，也可以将 HDFS 中的数据导出到关系型数据库。

（4）Pig

Pig 是一个基于 Hadoop 的大规模数据分析平台，它定义了一种类似 SQL 的数据流语言 Pig Latin。该语言提供了各种操作符，程序员可以利用它们开发自己的用于读取、写入和处理数据功能的程序。Pig 可以将 Pig Latin 映射为 MapReduce 作业，上传到集群中运行，也可以减少用户编写 Java 应用程序的工作量。Pig 为复杂、海量数据的并行计算提供了一个简单的操作和编程接口。

（5）Flume

Flume 是 Cloudera 公司提供的一个高可用、高可靠、分布式的海量日志采集、聚合和传输的软件。Flume 的核心是把数据从数据源（Source）中收集过来，再将收集到的数据送到指定的目的地（Sink）。为了保证输送的过程一定成功，在送到目的地之前，Flume 会先缓存数据（Channel），待数据真正到达目的地后，Flume 再删除已缓存的数据。

Flume 支持定制各类数据发送方，用于收集各类型的数据；同时，Flume 支持定制各种数据接受方，用于最终存储数据。一般的采集需求，通过对 Flume 的简单配置即可实现。针对特殊场景，Flume 也具备了良好的自定义扩展能力。因此，Flume 可适用于大部分的日常数据采集场景。

（6）Oozie

Oozie 是由 Cloudera 公司贡献给 Apache 的基于工作流引擎的开源框架，同时也是一个管理 Apache Hadoop 作业的工作流调度系统，具有可伸缩性、可靠性和可扩展性。

Oozie 以 XML 的形式编写调度流程，提供对 MapReduce、Pig、Hive、Shell 的任务调度与协调。Oozie 需要部署到 Java Servlet 容器中运行，主要用于定时调度任务，多任务可以按照执行的逻辑顺序完成调度。

（7）ZooKeeper

ZooKeeper 是一个开放源码的分布式应用程序协调服务，是 Google Chubby 的一个开源实现，也是 Hadoop、HBase 的重要组件。它主要用来解决分布式应用中经常遇到的一些数据管理问题，如统一命名服务、状态同步服务、集群管理、分布式应用配置项的管理等。

ZooKeeper 的使用主要是为了保证集群中的各项功能正常运行，当集群中的某个节点出现异常时可以及时通知处理，保持数据的一致性，对整个集群进行监控。

（8）Mahout

Mahout 是 Apache 软件基金会（Apache Software Foundation，ASF）旗下的一个开源项目，提供一些可扩展的机器学习领域经典算法的实现，旨在帮助开发人员更加方便、快捷地创建智能应用程序。Mahout 中包括许多实现，如聚类、分类、推荐引擎、频繁子项挖掘等，此外，通过使用 Apache Hadoop 库，Mahout 可以有效地扩展到云中。

Mahout 的主要目标是建立可伸缩的机器学习算法，这种可伸缩性是针对大规模的数据集而言的。Mahout 的算法运行在 Hadoop 平台下，通过 MapReduce 模式实现。但是，Mahout 并非严格要求算法的实现基于 Hadoop 平台，单个节点或非 Hadoop 平台也可以。Mahout 核心库的非分布式算法也具有良好的性能。

（9）Storm

Storm 是一个免费的开源分布式实时计算系统，也是一个流数据框架，具有较高的摄取率。

Storm 具有容错性、灵活性、可靠性，并且支持任何编程语言，允许实时流处理。它是无状态的，通过 ZooKeeper 可管理分布式环境和集群状态。

Storm 集成了队列和数据库技术，其拓扑使用数据流，并以任意复杂的方式处理这些数据流，根据需要在计算的每个阶段之间重新划分这些数据流。

（10）Kafka

Kafka 是由 Apache 软件基金会开发的一个开源流处理平台，由 Scala 和 Java 语言编写。

Kafka 是一种高吞吐量的分布式发布订阅消息系统，可以处理消费者在网站中的所有动作，主要应用于日志收集系统和消息系统。

（11）Spark

Spark 是一个大规模数据处理的快速通用的计算引擎，可以用来完成各种各样的运算。它还支持一组丰富的高级工具，包括 Spark SQL、SQL 和结构化数据处理、MLlib 机器学习、GraphX 图形处理、Spark 流等。

## 1.4 Hadoop 的应用场景

Hadoop 的应用场景

在大数据的背景下，Hadoop 作为一种分布式存储和计算框架，已被广泛应用到各个领域中，特别是为搜索引擎提供动力或者为广告商提供用户行为分析的平台领域应用最为知名。此外，还被用于在线旅游、移动数据、电子商务、能源发现、节约能源、基础设施管理、图像处理、医疗保健、IT 安全和欺诈检测等应用领域，下面对 Hadoop 在这些不同应用领域的应用场景进行简单介绍。

（1）在线旅游

根据相关统计数据，Cloudera 公司的 Hadoop 框架为全球 80%左右的在线旅游网站提供了服务。例如，总部位于美国的一家全球性线上旅游公司 Orbitz Worldwide，就受益于 Hadoop 架构，轻松地实现了诸多的数据分析工作。此外，我国一些旅游公司也使用 Hadoop 提供的服务。例如，携程网的 Hadoop 集群节点由 2015 年的 80 台服务器发展到 2018 年超过 1500 台的规模。

（2）电子商务

为了解决大数据应用背景下大型电子商务系统所面临的信息过载问题，研究出了基于 Hadoop 构建的分布式电子商务推荐系统，此系统采用基于 MapReduce 模型实现的算法，具有较高的伸缩性，能高效地进行离线数据的分析。电子商务推荐系统可以根据用户的历史购物行为或注册、浏览记录等主动向用户推荐其可能感兴趣的商品。电子商务推荐系统在淘宝、亚马逊等知名电商网站中得到了成功的应用。

（3）移动数据

据报道，美国有 70%的智能手机数据服务背后都是由 Hadoop 来支撑的，也就是说，包括数据的存储以及无线运营商的数据处理等，都利用了 Hadoop 技术。我国的 BigCloud 中的分析型 PaaS 产品也是基于 Hadoop 平台的。

（4）能源发现

美国第二大石油公司 Chevron 公司利用 Hadoop 进行数据的收集和处理，其中的数据就是海洋的地震数据，以便于他们找到油矿的位置。

（5）节约能源

与 Chevron 公司的目标截然相反，美国 Opower 公司使用 Hadoop 来提升电力服务，尽量为用户节约在资源方面的投入。Opower 公司前期管理的大约 30TB 的能源数据、气象与人口数据、历史信息、地理数据等都是通过 20 多个 MySQL 数据库和 1 个 Hadoop 集群来存储及处理的。

（6）图像处理

美国创业型公司 Skybox Imaging 使用 Hadoop 来存储和处理来自卫星捕捉的高分辨率图像，并尝试将这些信息及图像与地理格局的变化相对应。此外，日本的 CbIR（Content-based Information Retrieval）公司在 Amazon EC2 上使用 Hadoop 来构建图像处理环境，用于图像产品推荐系统。

（7）医疗保健

医疗行业也会用到 Hadoop，医疗机构可以利用语义分析为患者提供医护人员，并协助医生更好地为患者进行诊断。

（8）IT 安全

除企业 IT 基础机构的管理外，Hadoop 还可以用来处理机器生成数据以便甄别来自恶意软件或者网络中的攻击。我国的 360 安全软件在应用方面也主要使用 Hadoop、HBase 作为其搜索引擎的底层网页存储架构系统，缩短了异常退出后的恢复时间。

（9）欺诈检测

在金融服务机构和情报机构中，欺诈检测一直都是关注的重点。Hadoop 分析可以帮助金融机构检测、预防和减少来自内部及外部的诈骗行为，同时降低相关成本。销售、授权、交易以及其他的数据分析也能够帮助银行识别和减少诈骗行为。

（10）基础设施管理

这是一个非常基础的应用场景，用户可以用 Hadoop 从服务器、交换机以及其他的设备中收集并分析数据。有些公司收集的海量 PB 级别的设备日志就是存储在 Hadoop 中的。此外，一些电子商务网站海量的用户、访问量以及页面浏览量等数据的存储和分析都是建立在以 Hadoop 为基础设施的前提下完成的。

# 本章小结

本章首先从概念上介绍了 Hadoop 是一个分布式存储及计算框架，然后引入了 Hadoop 的背景及发展历程，并介绍了 Hadoop 的特点。紧接着介绍了 Hadoop 的三大核心组件 HDFS、

MapReduce 和 YARN，并针对三大组件分别在 Hadoop 体系中所扮演的角色以及每个组件的特点或核心构成进行了概括性的介绍。接下来围绕着 Hadoop 生态系统以及生态系统中的相关技术展开了论述。最后介绍了 Hadoop 的主要应用场景。

# 习题

一、选择题

1. 下列有关 Hadoop 的说法正确的是（　　）。
   A. Hadoop 最早起源于 Nutch
   B. Hadoop 中 HDFS 的理念来源于谷歌发表的分布式文件系统（GFS）的论文
   C. Hadoop 中 MapReduce 的思想来源于谷歌分布式计算框架 MapReduce 的论文
   D. Hadoop 是在分布式服务器集群上存储海量数据并运行分布式分析应用的一个开源的软件框架
2. 使用 Hadoop 的原因是（　　）。
   A. 方便：Hadoop 运行在由一般商用机器构成的大型集群上或者云计算服务上
   B. 稳健：Hadoop 致力于在一般商用硬件上运行，其架构假设硬件会频繁失效，Hadoop 可以从容地处理大多数此类故障
   C. 可扩展：Hadoop 通过增加集群节点，可以线性地扩展以处理更大的数据集
   D. 简单：Hadoop 允许用户快速编写高效的并行代码
3. Hadoop 的作者是（　　）。
   A. Martin Fowler　　B. Doug Cutting　　C. Kent Beck　　D. Grace Hopper
4. 以下关于大数据特点的描述中，不正确的是（　　）。
   A. 巨大的数据量　B. 多结构化数据　C. 增长速度快　　D. 价值密度高

二、简答题

1. Hadoop 是一个什么样的框架？
2. Hadoop 的核心组件有哪些？简单介绍每一个组件的作用。
3. 简述 Hadoop 生态体系，并列举此生态体系中涉及的技术。
4. 简单列举几个 Hadoop 的应用场景。

# 第2章　Hadoop的安装与配置

**学习目标**
- 了解 Hadoop 的三种安装方式
- 掌握 Hadoop 伪分布式安装与配置的方法
- 掌握 Hadoop 完全分布式安装与配置的方法
- 掌握 Hadoop 集群环境的启动与停止的方法
- 掌握 Hadoop 集群环境中节点的添加与删除的方法
- 了解如何监控 Hadoop 的集群环境

在使用 Hadoop 框架之前，需要先安装 Hadoop 的集群环境。Hadoop 可以运行在三种模式下，即独立（本地）运行模式、伪分布运行模式和完全分布式模式。三种不同的运行模式也对应了 Hadoop 环境的三种不同安装方式。本章先对不同的安装方式进行简单介绍，然后重点讲解伪分布式和完全分布式集群的安装过程及相关配置，最后介绍集群环境中节点的动态添加与删除操作，以及如何对集群环境进行监控。

## 2.1　Hadoop 的三种安装方式

Hadoop 的三种安装方式

Hadoop 的运行模式分为三种：独立（本地）运行模式、伪分布运行模式、完全分布式模式。

（1）独立（本地）运行模式：无须任何守护进程，所有的程序都运行在同一个 Java 虚拟机（Java Virtual Machine，JVM）上。在独立模式下调试 MapReduce 程序比较方便，所以该模式主要是在学习或者开发阶段调试使用（此种模式对应的安装方式本书不再介绍）。

（2）伪分布运行模式：Hadoop 守护进程运行在单机上，模拟一个小规模的集群，即配置一台机器的 Hadoop 集群，它是完全分布式集群的一个特例。伪分布运行模式对应的是伪分布式安装方式，此种方式的安装在一台机器上即可完成。

（3）完全分布式模式：Hadoop 守护进程运行在由多台主机搭建的集群上，是真正的生产环境。此种模式对应了完全分布式集群安装与配置方式，我们将在 2.3 节进行详细介绍。

## 2.2 伪分布式安装

Hadoop 伪分布式安装，即在单台机器上模拟一个小规模的集群，在一台主机上模拟多台主机的安装模式。Hadoop 的集群在 2.x 版本中包括 HDFS 集群和 YARN 集群两部分。其中，HDFS 集群负责海量数据的存储，集群中的角色主要有 NameNode、DataNode、Secondary NameNode；YARN 集群负责海量数据运算时的资源调度，集群中的角色主要有 ResourceManager、NodeManager。本书将以 Hadoop 2.7.7 版本为例，在 Linux 操作系统上完成伪分布式安装以及完全分布式安装。

### 2.2.1 安装前的准备工作

在安装伪分布式集群之前，需要先准备好相应的安装软件，所需软件列表见表 2-1。

安装前的准备工作

表 2-1　　　　　　　　　　　Hadoop 集群安装所需软件列表

| 软件 | 推荐版本 | 描述 |
| --- | --- | --- |
| VMware | 12 及以上版本 | VMware 虚拟机用于创建虚拟服务器 |
| Linux OS | CentOS 7 及以上版本 | 用于安装集群节点服务器的操作系统 |
| JDK | 1.8 及以上版本 | 用于安装集群节点服务器的 Java 运行环境 JDK |
| Hadoop | 2.7.7 及以上版本 | 用于安装集群节点服务器的 Hadoop 环境 |
| Xftp | 6.0 及以上版本 | 文件传输工具，它支持跨平台传输文件 |
| Xshell | 6.0 及以上版本 | Windows 界面下访问远端不同系统下的服务器 |

表 2-1 中的软件直接到相关的官方网站下载即可。当所有软件下载完后，先准备一台 Windows 操作系统的计算机，在此机器上安装 VMware，然后通过 VMware 新建一台虚拟机（新建虚拟机时选择准备好的 CentOS 镜像文件，虚拟机的安装过程略）。当虚拟机安装成功后，需要完成以下准备工作才可以进行 Hadoop 环境的安装，这些准备工作包括：

- 设置静态 IP；
- 关闭防火墙；
- 修改主机名（Hostname）；
- 配置主机名与 IP 映射；
- 设置 SSH 免密登录；
- 安装 Java 运行环境。

下面针对每一步如何操作或每一步中需要用到的相关命令进行详细的介绍。

## 1. 设置静态 IP

安装 Linux 虚拟机时网络适配器选择 NAT 模式接入网络,为了避免出现集群服务器的 IP 地址发生变化后与 Hadoop 集群环境的配置不一致从而导致 Hadoop 集群无法提供服务的现象,需将虚拟机的 IP 地址设置为静态 IP。修改虚拟机 IP 地址的命令为 "vi /etc/sysconfig/network-scripts/ifcfg-ens33",输入命令并按回车键后会出现图 2-1 所示的文件编辑页面。

```
TYPE=Ethernet
PROXY_METHOD=none
BROWSER_ONLY=no
BOOTPROTO=static
DEFROUTE=yes
IPV4_FAILURE_FATAL=no
IPV6INIT=yes
IPV6_AUTOCONF=yes
IPV6_DEFROUTE=yes
IPV6_FAILURE_FATAL=no
IPV6_ADDR_GEN_MODE=stable-privacy
NAME=ens33
UUID=21f0338b-6d39-40b9-9626-5c646f657038
DEVICE=ens33
ONBOOT=yes
IPADDR=192.168.199.133
NETMASK=255.255.255.0
GATEWAY=192.168.199.2
DNS1=114.114.114.114
DNS2=8.8.8.8
```

图 2-1 设置虚拟机静态 IP 地址

修改图 2-1 中 BOOTPROTO 值为 static(静态),ONBOOT 值为 yes,同时增加 IPADDR(IP 地址)、NETMASK(子网掩码)、GATEWAY(网关)、DNS1 和 DNS2(DNS 服务器)。其中,IPADDR、GATEWAY 值仅供参考,读者可以根据物理主机的网卡启动情况和 IP 地址信息进行相应的配置。

设置完毕后需使用命令 "systemctl restart network.service" 重启虚拟机的网络服务,然后通过命令 "ip addr" 查看当前虚拟机的 IP 地址信息,图 2-2 所示为静态 IP 设置完成后的信息。

```
[hadoop@localhost ~]$ ip addr
1: lo: <LOOPBACK,UP,LOWER_UP> mtu 65536 qdisc noqueue state UNKNOWN group default qlen 1000
    link/loopback 00:00:00:00:00:00 brd 00:00:00:00:00:00
    inet 127.0.0.1/8 scope host lo
       valid_lft forever preferred_lft forever
    inet6 ::1/128 scope host
       valid_lft forever preferred_lft forever
2: ens33: <BROADCAST,MULTICAST,UP,LOWER_UP> mtu 1500 qdisc pfifo_fast state UP group default qlen 1000
    link/ether 00:0c:29:15:99:1b brd ff:ff:ff:ff:ff:ff
    inet 192.168.199.133/24 brd 192.168.199.255 scope global noprefixroute ens33
       valid_lft forever preferred_lft forever
    inet6 fe80::bbda:157e:b885:e00b/64 scope link noprefixroute
       valid_lft forever preferred_lft forever
```

图 2-2 查看设置成功后的虚拟机的 IP 地址信息

## 2. 关闭防火墙

在关闭防火墙之前,建议先检查防火墙目前的状态,命令为 "firewall-cmd --state",执行结果如图 2-3 所示。

```
[hadoop@localhost ~]$ sudo firewall-cmd --state
running
```

图 2-3 查看当前虚拟机防火墙状态信息

如果当前防火墙的开启状态为"running",则说明防火墙开启了,此种情况下需要关闭防火墙的运行状态,可使用命令"systemctl stop firewalld.service"。此命令只是临时关闭了防火墙的运行状态,如果重启虚拟机,防火墙还是处于运行状态的。为了保证虚拟机的防火墙一直处于关闭状态,需要关闭防火墙的自动运行机制,使用命令"systemctl disable firewalld.service"。关闭防火墙临时状态以及自动运行的命令如图 2-4 所示。

```
[hadoop@localhost ~]$ sudo systemctl stop firewalld.service
[hadoop@localhost ~]$ sudo systemctl disable firewalld.service
[hadoop@localhost ~]$ sudo firewall-cmd --state
not running
```

图 2-4 关闭防火墙运行及自动运行机制命令

**3. 修改主机名**

修改虚拟机的主机名为 master(master 为本书伪分布式安装模式下虚拟机的主机名,仅供参考,读者可根据自己的需要修改),使用的命令为"vi /etc/hostname",命令输入完后按回车键,在编辑窗口中将原来的值直接替换为 master 即可,如图 2-5 所示。

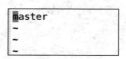

图 2-5 修改主机名

主机名修改完毕后需重启虚拟机。

**4. 配置主机名与 IP 映射**

修改完主机名后,需要将静态 IP 地址与主机名进行映射,即修改 hosts 文件,使用命令"vi /etc/hosts",命令输入完后按回车键,在编辑窗口新增一条映射信息即可,如图 2-6 所示。

```
127.0.0.1    localhost localhost.localdomain localhost4 localhost4.localdomain4
::1          localhost localhost.localdomain localhost6 localhost6.localdomain6
192.168.199.133 master
```

图 2-6 配置主机名与 IP 映射

IP 地址与主机名的映射输入格式为"IP 地址 主机名",其中 IP 地址即步骤 1 中设置的静态 IP 地址。

**5. 设置 SSH 免密登录**

SSH 免密登录的原理可以这样理解:如果某机器 A 试图要免密登录机器 B,则需要在机器 A 上生成一个公钥（id_rsa.pub）和一个私钥（id_rsa），并将公钥添加到机器 B 的权限列表（authorized_keys）中。这样在机器 A 上通过 SSH 就可以免密登录机器 B 了。

Hadoop 伪分布式的主、从节点位于同一机器上，但是由于以 root 用户启动 Hadoop 时需要不断输入"root@master"的登录密码，因此也需要设置 SSH 免密登录。Hadoop 伪分布式的 SSH 免密登录操作是将目录".ssh/"下的公钥"id-rsa.pub"添加到当前目录的".ssh/authorized_keys"列表中，即可实现"ssh master"免密登录。

设置 SSH 之前，需要验证虚拟机是否已经安装了 SSH，验证命令为"rpm -qa | grep ssh"，输入命令后按回车键，如果出现图 2-7 所示的画面就说明 SSH 已安装，否则需使用命令"yum-y install openssh"进行 SSH 的安装。

```
[hadoop@master ~]$ rpm -qa|grep ssh
openssh-server-7.4p1-16.el7.x86_64
libssh2-1.4.3-10.el7_2.1.x86_64
openssh-7.4p1-16.el7.x86_64
openssh-clients-7.4p1-16.el7.x86_64
[hadoop@master ~]$
```

图 2-7 验证 SSH 是否已经安装

设置 SSH 免密登录前，需要生成密钥，生成 SSH 密钥的命令为"ssh-keygen -t rsa"，命令输入后一直按回车键，直到显示类似图 2-8 中的密钥信息即为生成完毕。

```
[hadoop@master ~]$ ssh-keygen -t rsa
Generating public/private rsa key pair.
Enter file in which to save the key (/home/hadoop/.ssh/id_rsa):
Created directory '/home/hadoop/.ssh'.
Enter passphrase (empty for no passphrase):
Enter same passphrase again:
Your identification has been saved in /home/hadoop/.ssh/id_rsa.
Your public key has been saved in /home/hadoop/.ssh/id_rsa.pub.
The key fingerprint is:
SHA256:gNjhM4zdim1nEXwrntAPPVlQI5n3CyXefNayC3ISK3c hadoop@master
The key's randomart image is:
+---[RSA 2048]----+
|    ... o=o      |
|    B +..+.+..   |
|   o O.+o * *  . |
|   o.++o= + + + .|
|  . +oo=S. + + o |
|   . oo o = E .  |
|      o = . .    |
|                 |
+----[SHA256]-----+
[hadoop@master ~]$
```

图 2-8 生成 SSH 密钥

密钥生成后的存放目录是~/.ssh。查看已生成的密钥文件如图 2-9 所示。

```
[hadoop@master ~]$ cd .ssh
[hadoop@master .ssh]$ ls
id_rsa  id_rsa.pub
```

图 2-9 查看密钥文件

然后将公钥（id_rsa.pub）复制到当前目录的 /authorized_keys 列表中，命令为"cat

id_rsa.pub >> authorized_keys”，最后修改 authorized_keys 的权限为 0600，命令为“chmod 600 authorized_keys”。SSH 免密登录设置完毕，需要验证是否真的可以免密登录虚拟机。验证命令为“ssh master”，如果不用输入密码即可登录，则证明 SSH 免密登录设置成功，如图 2-10 所示。

```
[hadoop@master ~]$ ssh master
Last login: Wed Jul 17 23:30:24 2019 from master
```

图 2-10　SSH 免密登录成功

6. 安装 Java 运行环境

在虚拟机上安装 Java 运行环境之前，通过 xftp 工具将安装包上传到虚拟机 master 的某个目录下，本书演示安装过程的放置目录是“/usr/local”，如图 2-11 所示。

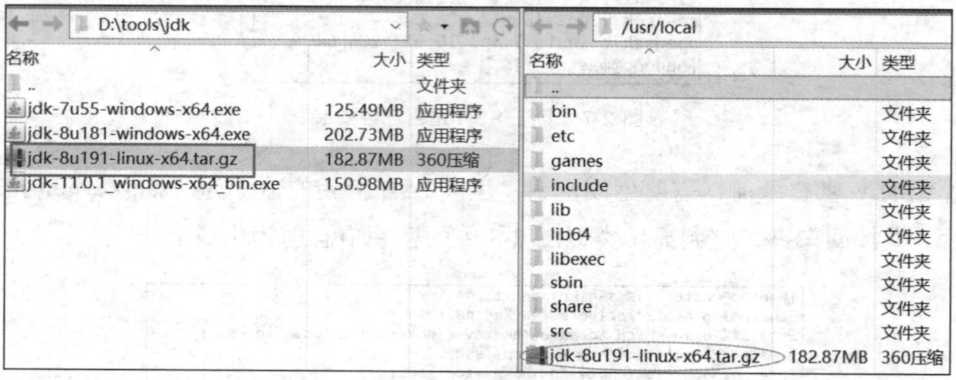


图 2-11　上传 JDK 安装包到虚拟机

上传成功后，先解压安装包，使用命令“tar -zxvf jdk-8u191-linux-x64.tar.gz”，解压成功后将解压后的文件夹重新命名为“jdk”（为方便后续环境变量的设置），操作命令如图 2-12 所示。

```
[root@master local]# tar -zxvf jdk-8u191-linux-x64.tar.gz

[root@master local]# mv jdk1.8.0_191 jdk
```

图 2-12　解压、重命名文件夹

接下来的任务是配置环境变量，使用命令“vi /etc/profile”修改配置文件，然后生效配置信息，相关操作如图 2-13 和图 2-14 所示。

```
done
export JAVA_HOME=/usr/local/jdk
export PATH=.:$JAVA_HOME/bin:$PATH
unset i
unset -f pathmunge
```

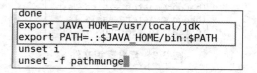

图 2-13　修改配置文件

```
[hadoop@master local]$ source /etc/profile
[hadoop@master local]$ java -version
java version "1.8.0_191"
Java(TM) SE Runtime Environment (build 1.8.0_191-b12)
Java HotSpot(TM) 64-Bit Server VM (build 25.191-b12, mixed mode)
```

图 2-14　修改配置文件并验证 JDK 是否安装配置成功

在配置文件 profile 的倒数第三行位置处添加环境变量的配置信息 JAVA_HOME 和 PATH。

安装 Hadoop 前的这几个先决条件，其顺序是可以调整的。这些先决条件全部完成后即可安装 Hadoop。

## 2.2.2　安装与配置

伪分布式安装 Hadoop 的步骤包括上传安装包到 Linux 虚拟机、解压安装包并重命名、配置环境变量和修改 Hadoop 的核心配置文件。

### 1. 上传安装包至 Linux 虚拟机

本节的演示案例是将 Hadoop 的安装包上传至目录 "/usr/local" 下，如图 2-15 所示。

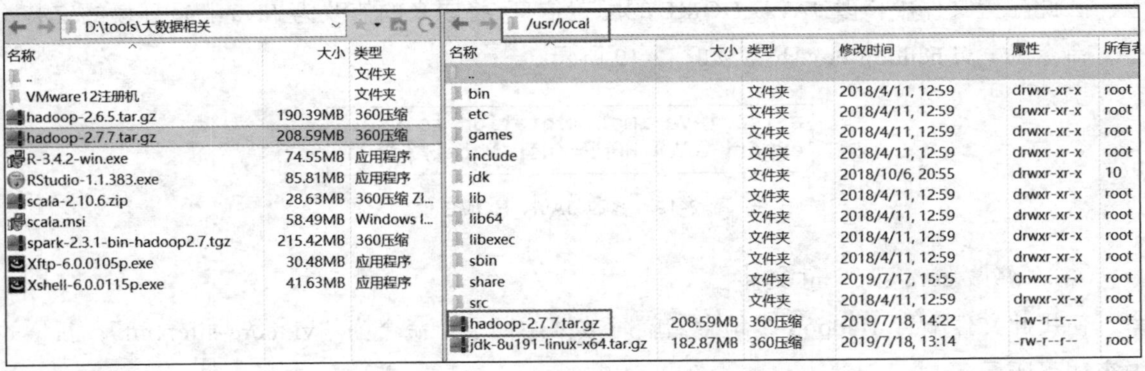

图 2-15　上传安装包至 Linux 虚拟机

### 2. 解压安装包并重命名

使用命令 "tar -zxvf hadoop-2.7.7.tar.gz" 对安装包进行解压，然后将解压后的安装包重命名为 "hadoop"，如图 2-16 所示。

```
[root@master local]# tar -zxvf hadoop-0.0.1-SNAPSHOT.jar

[root@master local]# mv hadoop-2.7.7 hadoop
```

图 2-16　解压安装包并重命名

### 3. 配置环境变量

使用命令 "vi /etc/profile" 修改配置文件，并验证 Hadoop 环境变量是否配置成功，相关操作如图 2-17 和图 2-18 所示。

```
export HADOOP_HOME=/usr/local/hadoop
export PATH=.:$HADOOP_HOME/bin:$HADOOP_HOME/sbin:$PATH
unset i
```

图 2-17　设置 Hadoop 环境变量

```
[root@master ~]# source /etc/profile
[root@master ~]# hadoop version
Hadoop 2.7.7
Subversion Unknown -r c1aad84bd27cd79c3d1a7dd58202a8c3ee1ed3ac
Compiled by stevel on 2018-07-18T22:47Z
Compiled with protoc 2.5.0
From source with checksum 792e15d20b12c74bd6f19a1fb886490
This command was run using /usr/local/hadoop/share/hadoop/common/hadoop-common-2.7.7.jar
```

图 2-18　修改配置文件并验证配置是否成功

#### 4. 修改 Hadoop 的核心配置文件

Hadoop 的配置文件有多个，包括 hadoop-env.sh、yarn-env.sh、core-site.xml、hdfs-site.xml、mapred-site.xml 和 yarn-site.xml，所有的配置文件均存放于同一个目录（/usr/local/hadoop/etc/hadoop）下，下面依次介绍每个配置文件如何进行修改。

（1）修改 hadoop-env.sh 文件

在此配置文件中修改 JAVA_HOME 的配置信息，将原来的值改为 Java 运行环境的安装路径，命令为"vi hadoop-env.sh"，如图 2-19 所示。

```
# The java implementation to use.
export JAVA_HOME=/usr/local/jdk
```

图 2-19　修改 JAVA_HOME 值

（2）修改 core-site.xml 文件

使用此文件配置 Hadoop 本地存储临时数据的目录，命令为"vi core-site.xml"，新增的内容如下所示。

```xml
<configuration>
    <property>
        <!-- HDFS 资源路径 -->
        <name>fs.defaultFS</name>
        <value>hdfs://master:8020</value>
    </property>
    <!-- Hadoop 临时文件存放目录 -->
    <property>
        <name>hadoop.tmp.dir</name>
        <value>/usr/local/hadoop/tmp</value>
    </property>
</configuration>
```

（3）修改 hdfs-site.xml 文件

此文件是 HDFS 相关的配置文件，用于创建 Hadoop 本地存储 NameNode 和 DataNode 数据的目录，命令为"vi hdfs-site.xml"，新增的内容如下所示。

```xml
<configuration>
  <!-- 副本数 -->
  <property>
    <name>dfs.replication</name>
    <value>1</value>
  </property>
  <!-- NameNode 元数据存储路径 -->
  <property>
    <name>dfs.namenode.name.dir</name>
    <value>file:/usr/local/hadoop/tmp/dfs/name</value>
  </property>
  <!-- 数据存储路径 -->
  <property>
    <name>dfs.datanode.data.dir</name>
    <value>file:/usr/local/hadoop/tmp/dfs/data</value>
  </property>
</configuration>
```

其中，属性 dfs.replication 配置了 HDFS 保存数据的副本数量，默认值是 3，伪分布式设置为 1；属性 dfs.namenode.name.dir 和 dfs.datanode.data.dir 分别配置了 NameNode 元数据和 DataNode 元数据的存储位置。

> 目录"/usr/local/hadoop/tmp"的写权限要放开，避免出现启动 Hadoop 集群时因无法写入而导致启动失败的现象，使用命令"chmod -R a+w /usr/local/hadoop/tmp"修改此文件夹的权限即可。

（4）修改 mapred-site.xml

此文件是 MapReduce 的相关配置文件，因为 Hadoop 2.x 版本引进了 YARN 资源管理系统，故需指定 MapReduce 运行在 YARN 上。此文件在 Hadoop 的解压目录"/usr/local/hadoop/etc/hadoop"下是不存在的，但是存在一个名为 mapred-site.xml.template 的文件，可以将此 template 文件复制一份。执行命令"cp mapred-site.xml.template mapred- site.xml"后再通过命令"vi mapred-site.xml"修改此文件内容，新增的内容如下所示。

```xml
<configuration>
  <property>
    <name>mapreduce.framework.name</name>
    <value>yarn</value>
  </property>
</configuration>
```

（5）修改 yarn-env.sh 文件

该文件是 YARN 框架运行环境的配置，同样需要修改 JAVA_HOME 的配置信息，修改方式同 hadoop-env.sh 文件，命令为"vi yarn-env.sh"，如图 2-20 所示。

```
# some Java parameters
# export JAVA_HOME=/home/y/libexec/jdk1.6.0/
export JAVA_HOME=/usr/local/jdk
```

图 2-20　修改 yarn-env.sh 文件

（6）修改 yarn-site.xml 文件

此文件是 YARN 框架的配置文件，需配置 YARN 进程及 YARN 相关属性。首先要指明 ResourceManager 守护进程的主机和监听的端口，其主机为 master，默认端口为 8032，其次要指定 ResourceManager 使用的 scheduler 以及 NodeManager 的辅助服务等信息。命令为"vi yarn-site.xml"，新增的内容如下所示。

```xml
<configuration>
    <!--配置 ResourceManager 在哪台机器 -->
    <property>
        <name>yarn.resourcemanager.hostname</name>
        <value>master</value>
    </property>
    <!-- 在 NodeManager 中运行 MapReduce 服务 -->
    <property>
        <name>yarn.nodemanager.aux-services</name>
        <value>mapreduce_shuffle</value>
    </property>
    <!--配置 Web UI 访问端口（默认端口为 8088）-->
    <property>
        <name>yarn.resourcemanager.webapp.address</name>
        <value>master:18088</value>
    </property>
</configuration>
```

完成以上 6 个文件的配置后，Hadoop 的环境基本配置完毕，接下来可以启动 Hadoop 集群服务进行验证了。

## 2.2.3　启动与停止 Hadoop

Hadoop 伪分布式集群的启动，可以依次单独启动 HDFS 和 YARN，也可以一次启动所有的节点。但启动 Hadoop 前需要对 Hadoop 的 NameNode 进行格式化，然后再启动 Hadoop HDFS 服务。

启动与停止 Hadoop

**1. NameNode 格式化**

在 Hadoop 的解压目录"/usr/local/hadoop/bin"下执行命令"hdfs namenode -format"，执行结果如图 2-21 所示。

```
19/07/25 01:28:41 INFO util.GSet: Computing capacity for map NameNodeRetryCache
19/07/25 01:28:41 INFO util.GSet: VM type       = 64-bit
19/07/25 01:28:41 INFO util.GSet: 0.029999999329447746% max memory 966.7 MB = 297.0 KB
19/07/25 01:28:41 INFO util.GSet: capacity      = 2^15 = 32768 entries
19/07/25 01:28:41 INFO namenode.FSImage: Allocated new BlockPoolId: BP-691167328-192.168.199.133-15640
19/07/25 01:28:41 INFO common.Storage: Storage directory /usr/local/hadoop/tmp/dfs/name has been succe
tted.
19/07/25 01:28:41 INFO namenode.FSImageFormatProtobuf: Saving image file /usr/local/hadoop/tmp/dfs/nam
mage.ckpt_0000000000000000000 using no compression
19/07/25 01:28:41 INFO namenode.FSImageFormatProtobuf: Image file /usr/local/hadoop/tmp/dfs/name/curre
pt_0000000000000000000 of size 323 bytes saved in 0 seconds.
19/07/25 01:28:41 INFO namenode.NNStorageRetentionManager: Going to retain 1 images with txid >= 0
19/07/25 01:28:41 INFO util.ExitUtil: Exiting with status 0
19/07/25 01:28:41 INFO namenode.NameNode: SHUTDOWN_MSG:
/************************************************************
SHUTDOWN_MSG: Shutting down NameNode at master/192.168.199.133
************************************************************/
```

图 2-21　格式化 NameNode 的执行结果

### 2. 启动/停止 HDFS

在 Hadoop 的解压目录 "/usr/local/hadoop/sbin" 下存放有启动和停止 HDFS 的脚本文件（start-dfs.sh 和 stop-dfs.sh），启动和停止 YARN 的脚本文件（start-yarn.sh 和 stop-yarn.sh）以及一次性启动所有节点服务的脚本文件（start-all.sh 和 stop-all.sh）。

先单独启动 HDFS，在当前目录下直接执行 start-dfs.sh 脚本，执行完后使用 "jps" 命令查看启动的进程信息，如图 2-22 所示。

```
[hadoop@master sbin]$ jps
3975 SecondaryNameNode
3721 NameNode
3820 DataNode
4127 Jps
```

图 2-22　查看 HDFS 节点进程

在图 2-22 中的进程中，如果包含了 NameNode、DataNode 和 SecondaryNameNode 三个进程，则说明 HDFS 启动成功。

要停止 HDFS，直接运行 stop-dfs.sh 即可。

### 3. 启动/停止 YARN

与启动 HDFS 类似，启动 YARN 可直接运行脚本 start-yarn.sh，运行完脚本查看进程信息如图 2-23 所示。

```
[hadoop@master sbin]$ jps
4304 NodeManager
3975 SecondaryNameNode
3721 NameNode
3820 DataNode
4205 ResourceManager
4399 Jps
```

图 2-23　启动 YARN 后查看进程信息

在图 2-23 的进程中，如果包含了 ResourceManager 和 NodeManager 两个进程，则说明 YARN 启动成功。

要停止 YARN，直接运行 stop-yarn.sh 即可。

## 4. 一次性同时启动 HDFS 和 YARN

在之前已完成了启动 HDFS 和 YARN 的操作，执行脚本 stop-dfs.sh 和 stop-yarn.sh，保证所有的进程已关闭，然后运行脚本 start-all.sh 启动所有的节点，脚本运行完毕再通过 jps 命令查看进程，运行结果如图 2-24 所示。

```
[hadoop@master sbin]$ jps
5102 Jps
[hadoop@master sbin]$ start-all.sh
This script is Deprecated. Instead use start-dfs.sh and start-yarn.sh
Starting namenodes on [master]
master: starting namenode, logging to /usr/local/hadoop/logs/hadoop-hadoop-namenode-master.out
localhost: starting datanode, logging to /usr/local/hadoop/logs/hadoop-hadoop-datanode-master.out
Starting secondary namenodes [0.0.0.0]
0.0.0.0: starting secondarynamenode, logging to /usr/local/hadoop/logs/hadoop-hadoop-secondarynamenode-master.out
starting yarn daemons
starting resourcemanager, logging to /usr/local/hadoop/logs/yarn-hadoop-resourcemanager-master.out
localhost: starting nodemanager, logging to /usr/local/hadoop/logs/yarn-hadoop-nodemanager-master.out
[hadoop@master sbin]$ jps
5234 NameNode
5682 ResourceManager
5366 DataNode
5532 SecondaryNameNode
6028 Jps
5806 NodeManager
```

图 2-24 运行 start-all.sh 后查看进程

图 2-24 中显示所有的节点已启动成功，说明 Hadoop 安装配置成功。若要停止 Hadoop，直接运行脚本 stop-all.sh 即可。

注意

此种启动 Hadoop 集群的方式已不建议使用。

### 2.2.4 访问 Hadoop

2.2.3 节已经介绍了使用命令查看 Hadoop 集群中相关进程的启动信息，此外还有另外一种访问或监控 Hadoop 集群的方式，即通过 Web 浏览器访问 Hadoop 的集群环境。

打开浏览器，在其地址栏中输入 "http://192.168.199.133:50070/"（其中 URL 中的 IP 地址即集群服务器的静态 IP），检查 NameNode 和 DataNode 的启动情况，如果 Web 页面中的部分信息包括图 2-25 所示的部分，则说明 HDFS 启动成功。

| Overview 'master:8020' (active) | |
|---|---|
| Started: | Mon Dec 02 03:15:32 EST 2019 |
| Version: | 2.7.7, rc1aad84bd27cd79c3d1a7dd58202a8c3ee1ed3ac |
| Compiled: | 2018-07-18T22:47Z by stevel from branch-2.7.7 |
| Cluster ID: | CID-5db57304-379b-4d9b-a2c3-1eec44490ed9 |
| Block Pool ID: | BP-43233477-192.168.199.130-1569064735974 |

| Live Nodes | 1 (Decommissioned: 0) |
|---|---|
| Dead Nodes | 0 (Decommissioned: 0) |
| Decommissioning Nodes | 0 |
| Total Datanode Volume Failures | 0 (0 B) |

图 2-25 浏览器验证 HDFS 的启动情况

在浏览器地址栏中输入"http://192.168.199.133:18088/",检查 YARN 的启动情况,如果页面显示如图 2-26 所示,则说明 YARN 启动成功。

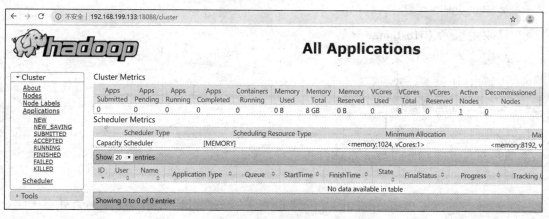

图 2-26 浏览器验证 YARN 的启动情况

## 2.3 完全分布式安装

Hadoop 的完全分布式安装是真正的分布式,是由三台及以上的实体机或者虚拟机组成的集群。一个 Hadoop 集群环境中,NameNode、SecondaryNameNode 和 DataNode 需要分配在不同的节点上,因此需要至少三台服务器。独立(本地)模式和伪分布式模式一般用在开发或测试环境下,而生产环境下搭建的则是完全分布式模式。

### 2.3.1 Hadoop 集群规划

Hadoop 完全分布式集群是典型的主从架构,一般需要三台或三台以上的服务器共同组建,本书中的集群规划为三台服务器。如果搭建完全分布式集群环境,建议个人计算机的硬件最低配置为:内存至少 8GB,硬盘可用容量至少 100GB,CPU 为 Intel i3 以上的处理器。使用三台服务器搭建完全分布式集群,采用一主两从的架构,集群部署规划如表 2-2 所示。

Hadoop 集群规划

表 2-2  集群部署规划

| IP 地址 | 主机名称 | HDFS | YARN |
|---|---|---|---|
| 192.168.199.130 | master | NameNode<br>DataNode | ResourceManager<br>NodeManager |
| 192.168.199.131 | slave1 | DataNode<br>SecondaryNameNode | NodeManager |
| 192.168.199.132 | slave2 | DataNode | NodeManager |

### 2.3.2 安装前的准备工作

在 VMware 上新建三台虚拟机,主机名分别为 master、slave1 和 slave2。与伪分布式安

装的操作类似,完全分布式安装也需集群中的每台服务器均完成以下几个步骤:

- 设置静态 IP;
- 关闭防火墙;
- 修改主机名(Hostname);
- 配置主机名与 IP 映射;
- 设置 SSH 免密登录;
- 安装 Java 运行环境;
- 配置时间同步服务。

下面针对每一步操作过程中与伪分布式操作的区别进行详细介绍。

1. 设置静态 IP

三台服务器均需要设置静态 IP,命令及编辑界面与伪分布式相同,不同之处在于每台服务器的 IP 地址信息需要根据集群部署规划图中的 IP 进行设置,例如 master 主机的 IP 地址为"192.168.199.130",slave1、slave2 两台主机的 IP 地址分别为"192.168.199.131"和"192.168.199.132"(其中 IP 地址仅供参考,读者可根据自己的需要进行自定义设置),如图 2-27 所示。

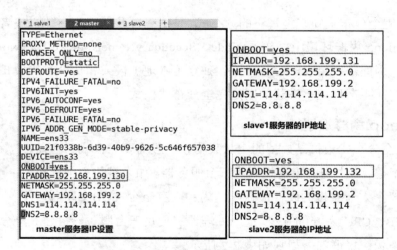

图 2-27　三台服务器设置静态 IP 地址

2. 关闭防火墙

三台服务器均需要关闭防火墙,其操作与伪分布式关闭防火墙的操作完全一致。

3. 修改主机名

每台服务器的主机名需根据完全分布式集群部署规划图中的主机名进行设置,设置方式可参考伪分布式安装步骤中修改主机名的方式。

4. 配置主机名与 IP 映射

完全分布式集群中三台服务器的主机名与 IP 地址的映射信息均需修改,命令为"vi

/etc/hosts"。主节点的主机名为"master",两个从节点的主机名分别为"slave1"和"slave2",设置完毕后查看集群中每台服务器的主机名信息如图 2-28 所示。

```
[hadoop@master hadoop]$ more /etc/hosts
127.0.0.1    localhost localhost.localdomain localhost4 localhost4.localdomain4
::1          localhost localhost.localdomain localhost6 localhost6.localdomain6
192.168.199.130 master
192.168.199.131 slave1
192.168.199.132 slave2
```

图 2-28　查看集群中的主机名信息

5. 设置 SSH 免密登录

完全分布式集群环境,必须保证三台机器之间可以 SSH 免密登录。此操作比伪分布式 SSH 免密登录的设置的复杂之处在于:三台机器上均需要使用命令"ssh-keygen -t rsa"生成密钥,然后互相复制公钥到每台机器(在每台机器中执行以下三个命令)中。

```
ssh-copy-id -i ~/.ssh/id_rsa.pub master
ssh-copy-id -i ~/.ssh/id_rsa.pub slave1
ssh-copy-id -i ~/.ssh/id_rsa.pub slave2
```

每台机器在执行了上述命令后即可验证三台机器之间是否可以相互免密登录,每台机器均使用命令"ssh master、ssh slave1、ssh slave2"进行验证,如图 2-29 所示。

```
[root@slave1 ~]# ssh master
Last login: Thu Aug  1 03:39:56 2019 from slave2
[root@master ~]# ssh slave1
Last login: Thu Aug  1 03:40:00 2019 from master
[root@slave1 ~]# ssh slave2
Last login: Thu Aug  1 03:40:03 2019 from slave1
```

图 2-29　验证三台机器之间相互免密登录

6. 安装 Java 运行环境

与伪分布式安装 Java 运行环境相同,每台机器均需完成 Java 运行环境的安装,相关操作及环境变量配置参考伪分布式 Java 运行环境安装即可。

7. 配置时间同步服务

Hadoop 完全分布式对时间的要求很高,主节点与各从节点的时间应该做到时间的同步,而配置时间同步服务也是为了解决集群各个节点之间的时间同步问题。服务器之间的时间同步可以自己搭建本地 NTP 服务器提供时间同步服务,也可以使用外围的 NTP 服务器提供时间同步服务。本书中使用了外围 NTP 服务器时间同步集群各节点服务器时间,操作步骤如下。

(1) 安装 ntpdate

使用 ntpdate 命令前需在 Hadoop 各集群节点服务器上安装 ntpdate,安装命令为"yum install ntpdate -y",此种方式是在线安装的方式。安装 ntpdate 成功如图 2-30 所示。

(2) 各服务器同步 NTP 服务器时间

同步 NTP 服务器时间的命令是"ntpdate ip",但是此命令在某些情况下会出现"no server

suitable for synchronization found"的提示。为了避免这种情况,可以在命令中加入参数"-u",即"ntpdate -u ip",参数"-u"的作用为可以越过防火墙与主机同步,命令中的 ip 即为 NTP 服务器的 IP 地址,NTP 常用的外围服务器如表 2-3 所示。

```
Running transaction check
Running transaction test
Transaction test succeeded
Running transaction
  Installing : ntpdate-4.2.6p5-28.el7.centos.x86_64
  Verifying  : ntpdate-4.2.6p5-28.el7.centos.x86_64

Installed:
  ntpdate.x86_64 0:4.2.6p5-28.el7.centos

Complete!
```

图 2-30  安装 ntpdate 成功

表 2-3 NTP 常用的服务器及时间同步命令

| 服务器 | 地址 | 命令 |
| --- | --- | --- |
| 中国国家授时中心 | 210.72.145.44 | ntpdate -u 210.72.145.44 |
| NTP 服务器(上海) | ntp.api.bz | ntpdate -u ntp.api.bz |
| 美国 | time.nist.gov | ntpdate -u time.nist.gov |
| 复旦大学 | ntp.fudan.edu.cn | ntpdate -u ntp.fudan.edu.cn |
| 微软公司授时主机(美国) | time.windows.com | ntpdate -u time.windows.com |

本书使用 NTP 服务器(上海)时间为 Hadoop 集群节点中的服务器时间进行同步,同步成功后可以使用"date"命令查看当前时间,本书中三个集群节点的时间如图 2-31 所示。

```
[root@master ~]# ntpdate -u ntp.api.bz
11 Aug 21:55:57 ntpdate[1498]: adjust time server 114.118.7.161 offset -0.001379 sec
[root@master ~]# date
Sun Aug 11 22:00:11 EDT 2019
        master节点服务器时间
[root@slave1 ~]# ntpdate -u ntp.api.bz
11 Aug 21:57:03 ntpdate[1324]: adjust time server 114.118.7.161 offset 0.016803 sec
[root@slave1 ~]# date
Sun Aug 11 22:00:13 EDT 2019
        slave1节点服务器时间
[root@slave2 ~]# ntpdate -u ntp.api.bz
11 Aug 21:57:08 ntpdate[1230]: adjust time server 114.118.7.163 offset 0.000347 sec
[root@slave2 ~]# date
Sun Aug 11 21:59:29 EDT 2019
[root@slave2 ~]# date
Sun Aug 11 22:00:15 EDT 2019
        slave2节点服务器时间
```

图 2-31  查看集群节点时间同步后的系统时间

### 2.3.3  安装与配置

Hadoop 的完全分布式安装与伪分布式安装的不同之处在于,集群中的每台节点服务器均需要安装 Hadoop 运行环境并修改相关核心配置文件,安装步骤如下。

安装与配置

#### 1. 安装 Hadoop 并配置环境变量

该步骤与伪分布式安装 Hadoop 运行环境及配置环境变量的操作完全相同,先上传安装包到各节点服务器,然后解压安装包,修改环境变量( vi /etc/profile )并生效,最后查看 Hadoop

的版本信息（Hadoop Version），此处操作可参考2.2.2节。

2. 修改Hadoop的配置文件

该步骤与伪分布式安装中Hadoop配置文件的修改不同，此处需要集群中的各节点服务器同时完成Hadoop核心配置文件的修改，包括hadoop-env.sh、yarn-env.sh、mapred-env.sh、core-site.xml、hdfs-site.xml、mapred-site.xml、yarn-site.xml。为了避免重复的工作量，三台节点服务器相关核心文件的配置可以先完成一台主节点服务器的配置，然后通过分发的形式将一台节点服务器上已修改完毕的文件分发到其他两台节点服务器上。以下简单说明这些核心文件的配置。

（1）hadoop-env.sh、yarn-env.sh、mapred-env.sh

这三个配置文件均需要配置Java运行环境，可参考2.2.2节中hadoop-env.sh文件的配置说明。

（2）core-site.xml

配置HDFS的NameNode地址以及Hadoop运行时产生临时文件的保存目录，可参考2.2.2节中该文件的配置说明。

（3）hdfs-site.xml

配置HDFS保存数据的副本数量（默认值为3）、存储NameNode数据的目录、DataNode数据的目录、SecondaryNameNode地址信息，命令为"vi hdfs-site.xml"，新增的内容如下所示。

```xml
<configuration>
    <!--HDFS保存数据的副本数量，默认值为3，此处设置为2-->
    <property>
        <name>dfs.replication</name>
        <value>2</value>
    </property>
    <!--存储NameNode数据的目录-->
    <property>
        <name>dfs.namenode.name.dir</name>
        <value>file:/usr/local/hadoop/tmp/dfs/name</value>
    </property>
    <!--存储DataNode数据的目录-->
    <property>
        <name>dfs.datanode.data.dir</name>
        <value>file:/usr/local/hadoop/tmp/dfs/data</value>
    </property>
    <!--配置SecondaryNameNode地址-->
    <property>
            <name>dfs.secondary.http.address</name>
            <value>slave1:50090</value>
    </property>
</configuration>
```

**注意**　与伪分布式配置不同，此处新配置了 SecondaryNameNode 的地址，为 slave1 从节点服务器。

（4）mapred-site.xml

配置 MapReduce 运行在 YARN 上，可参考 2.2.2 节中此文件的配置说明。

（5）yarn-site.xml

配置 YARN 进程及 YARN 的相关属性，指明 ResourceManager 守护进程的主机和监听的端口，指定 ResourceManager 使用的 scheduler 以及 NodeManager 的辅助服务等信息，可参考 2.2.2 节中此文件的配置说明。

（6）修改 slaves

此文件所在的目录与以上几个核心配置文件相同，在此文件中需将集群中的各从节点服务器名称配置进去。命令为"vi slaves"，配置信息如图 2-32 所示。

```
master
slave1
slave2
```

图 2-32　slaves 配置信息

**3. 分发主节点配置文件到集群中的从节点服务器**

当主节点服务器的所有配置文件均配置完后，可以将主节点服务器所修改的配置文件所在的当前目录，直接分发到本书集群环境中的另两个从节点服务器 slave1、slave2 上 Hadoop 安装目录的同级目录下，具体的使用命令如下。

```
scp -r /usr/local/hadoop/etc/hadoop root@slave1:/usr/local/hadoop/etc/
scp -r /usr/local/hadoop/etc/hadoop root@slave2:/usr/local/hadoop/etc/
```

当集群中所有节点服务器均完成了以上环境的安装及配置后，Hadoop 完全分布式集群环境即搭建完毕。

### 2.3.4　集群启动与监控

Hadoop 完全分布式环境搭建完毕后启动 Hadoop 集群前，需要对 NameNode 进行格式化操作。此操作与伪分布式集群格式化操作相同，即在主节点 master 主机的 Hadoop 解压目录 "/usr/local/hadoop/bin" 下执行命令 "hdfs namenode -format"，执行结果如图 2-33 所示，则说明格式化成功。

```
19/09/20 04:20:20 INFO namenode.FSImage: Allocated new BlockPoolId: BP-1082741818-192.168.199.130-1568967620460
19/09/20 04:20:20 INFO common.Storage: Storage directory /usr/local/hadoop/tmp/dfs/name has been successfully formatted.
19/09/20 04:20:20 INFO namenode.FSImageFormatProtobuf: Saving image file /usr/local/hadoop/tmp/dfs/name/current/fsimage.ckpt_0000000000000000000 using no compression
19/09/20 04:20:20 INFO namenode.FSImageFormatProtobuf: Image file /usr/local/hadoop/tmp/dfs/name/current/fsimage.ckpt_0000000000000000000 of size 321 bytes saved in 0 seconds.
19/09/20 04:20:20 INFO namenode.NNStorageRetentionManager: Going to retain 1 images with txid >= 0
19/09/20 04:20:20 INFO util.ExitUtil: Exiting with status 0
```

图 2-33　集群格式化

格式化成功后，即可启动 Hadoop 集群了。与伪分布式启动集群操作相同，此处采用依次单独启动 HDFS 和 YARN 的方式，在 Hadoop 的解压目录"usr/local/hadoop/sbin"下依次执行脚本"start-dfs.sh"和"start-yarn.sh"，如果启动过程中无异常信息即说明启动成功。

集群启动完毕后，可以查看每个节点的进程进而判断集群的启动情况。在每台节点机器上执行"jps"命令查看进程信息，master、slave1、slave2 三个节点的进程启动情况如图 2-34～图 2-36 所示。

```
[root@master ~]# jps
1574 NameNode
1673 DataNode
1833 SecondaryNameNode
2010 ResourceManager
2396 Jps
```

```
[root@slave1 ~]# jps
1296 NodeManager
1194 DataNode
1485 Jps
```

```
[root@slave2 ~]# jps
1457 Jps
1283 NodeManager
1181 DataNode
```

图 2-34　master 节点进程　　　图 2-35　slave1 节点进程　　　图 2-36　slave2 节点进程

此外，也可以通过浏览器监控集群的启动情况。打开浏览器，在浏览器地址栏中输入"http://192.168.199.130:50070/"后按回车键，可以看到 HDFS 的启动情况，图 2-37 截取了此网页中的部分信息。

## Summary

Security is off.

Safemode is off.

1 files and directories, 0 blocks = 1 total filesystem object(s).

Heap Memory used 34.49 MB of 56.69 MB Heap Memory. Max Heap Memory is 966.69 MB.

Non Heap Memory used 42.27 MB of 43 MB Commited Non Heap Memory. Max Non Heap Memory is -1 B.

| | |
|---|---|
| **Configured Capacity:** | 50.96 GB |
| **DFS Used:** | 24 KB (0%) |
| **Non DFS Used:** | 6.39 GB |
| **DFS Remaining:** | 44.57 GB (87.45%) |
| **Block Pool Used:** | 24 KB (0%) |
| **DataNodes usages% (Min/Median/Max/stdDev):** | 0.00% / 0.00% / 0.00% / 0.00% |
| **Live Nodes** | 3 (Decommissioned: 0) |
| **Dead Nodes** | 0 (Decommissioned: 0) |

图 2-37　网页 Summary 部分信息

通过图 2-37 即可看出集群的 HDFS 启动成功了，其与伪分布式启动监控信息（见 2.2.4 节的图 2-25）的不同之处在于活动的节点个数增多了，伪分布式中的实际节点数为 1，完全分布式的实际节点数为 3。

在地址栏输入"http://192.168.199.130:18088"，同样可以监控 YARN 的启动情况，此处页面显示图与 2.2.4 节中的图 2-26 相同。

### 2.3.5 集群节点的添加与删除

在 Hadoop 集群环境正常运行过程中,如果出现了计算能力不足或有新的资源需求要对原集群环境进行扩展的情况,可以在原集群环境正常运行的状态下动态添加(删除)节点。

集群节点的添加与删除

**1. 集群中动态添加节点**

在正在运行的 Hadoop 集群环境中动态添加节点的步骤如下。

(1)准备一台新节点服务器,此服务器的配置要与其他已运行的节点机器保持一致。此新节点服务器的环境配置包括 JDK 环境的安装及环境变量的配置、静态 IP 地址的设置、防火墙的关闭、设置主机名、Hadoop 环境的安装及环境变量的配置、Hadoop 各核心配置文件的配置等。本文中新节点规划的静态 IP 地址为 192.168.199.133,主机名为 slave3。此处 slave3 节点的安装与配置过程略,具体的安装配置信息参见伪分布式节点的安装与配置。

注意

如果新节点采取克隆的方式创建,则需要对之前集群的数据进行删除(即配置文件中配置的存放数据的目录),并且重新创建文件夹(创建文件夹的时候注意权限问题)。

(2)修改每个节点机器的 hosts 文件,将 slave3 节点添加进去,修改后的文件内容如图 2-38 所示。

```
127.0.0.1     localhost localhost.localdomain localhost4 localhost4.localdomain4
::1           localhost localhost.localdomain localhost6 localhost6.localdomain6
192.168.199.130 master
192.168.199.131 slave1
192.168.199.132 slave2
192.168.199.133 slave3
```

图 2-38 配置 hosts 文件

(3)修改每个节点机器的 slaves 文件,将 slave3 节点添加进去,修改后的文件内容如图 2-39 所示。

```
master
slave1
slave2
slave3
```

图 2-39 配置 slaves 文件内容

(4)配置 SSH,使得 NameNode 登录新节点的时候不需要输入密码。

(5)配置主节点 master 的 hdfs-site.xml(也可不配置),添加允许和拒绝加入集群的节点列表(如果允许的列表为空则默认都允许连接,拒绝的列表为空则代表没有节点拒绝连接集群。拒绝的优先级大于允许的优先级)。修改的文件内容如下。

```
<!--配置允许加入集群的节点列表-->
<property>
```

```xml
        <name>dfs.hosts</name>
        <value>/usr/local/hadoop/conf/datanode-allow.list</value>
        <description>允许加入集群的节点列表</description>
    </property>
    <!--配置拒绝加入集群的节点列表-->
    <property>
        <name>dfs.hosts.exclude</name>
        <value>/usr/local/hadoop/conf/datanode-deny.list</value>
        <description>拒绝加入集群的节点列表</description>
    </property>
```

其中，允许加入集群的节点列表配置文件/conf/datanode-allow.list 和拒绝加入集群的节点列表配置文件/conf/datanode-deny.list 需自己手工创建。创建成功后，为新创建的文件添加允许或拒绝加入集群的节点。例如，datanode-allow.list 文件编辑后的内容如图 2-40 所示（datanode-deny.list 文件的内容类似 datanode-allow.list，只需将拒绝加入集群的节点机器名称列出即可）。

```
[root@master conf]# ls
datanode-allow.list  datanode-deny.list
[root@master conf]# more datanode-allow.list
slave3
```

图 2-40  datanode-allow.list 文件的内容

（6）单独启动该节点上的 DataNode 进程和 NodeManager 进程

在新节点机器 Hadoop 的安装目录 "/usr/local/hadoop/sbin" 下，直接运行命令 "hadoop-daemon.sh start datanode" 和 "yarn-daemon.sh start nodemanager"，即可启动新节点的 DataNode 和 NodeManager 进程，然后使用命令 "jps" 查看进程信息，结果如图 2-41 所示。

```
[root@slave3 sbin]# hadoop-daemon.sh start datanode
starting datanode, logging to /usr/local/hadoop/logs/hadoop-root-datanode-slave3.out
[root@slave3 sbin]# yarn-daemon.sh start nodemanager
starting nodemanager, logging to /usr/local/hadoop/logs/yarn-root-nodemanager-slave3.out
[root@slave3 sbin]# jps
3265 DataNode
3366 NodeManager
3398 Jps
```

图 2-41  集群新添加的节点进程启动成功

（7）在主节点进行刷新

在主节点机器上执行命令 "hdfs dfsadmin –refreshNodes"，此命令可以动态刷新 dfs.hosts 和 dfs.hosts.exclude 配置，无须重启 NameNode。刷新成功的信息如图 2-42 所示。

```
[root@master conf]# hdfs dfsadmin -refreshNodes
Refresh nodes successful
```

图 2-42  刷新主节点的配置信息

（8）查看节点状态

在主节点机器上执行命令 "hdfs dfsadmin -report" 可以查看集群中文件系统的基本信息

和统计信息，如图 2-43 所示。

```
[root@master sbin]# hdfs dfsadmin -report
Configured Capacity: 18238930944 (16.99 GB)
Present Capacity: 15943020544 (14.85 GB)
DFS Remaining: 15943008256 (14.85 GB)
DFS Used: 12288 (12 KB)
DFS Used%: 0.00%
Under replicated blocks: 0
Blocks with corrupt replicas: 0
Missing blocks: 0
Missing blocks (with replication factor 1): 0

-------------------------------------------------
Live datanodes (1):

Name: 192.168.199.133:50010 (slave3)
Hostname: slave3
Decommission Status : Normal
Configured Capacity: 18238930944 (16.99 GB)
DFS Used: 12288 (12 KB)
Non DFS Used: 2295910400 (2.14 GB)
DFS Remaining: 15943008256 (14.85 GB)
DFS Used%: 0.00%
DFS Remaining%: 87.41%
```

图 2-43　集群的基本信息

### 2. 集群中动态删除（下线）节点

在已启动的集群环境中删除或下线某个节点非常简单，首先需要在主节点的配置文件 datanode-deny.list（此文件前面已说明）中添加拒绝连接的节点列表，文件内容如图 2-44 所示。

```
#not allow datanode list
slave3
```

图 2-44　不允许加入集群的节点配置信息

然后在主节点机器上执行命令"hdfs dfsadmin -refreshNodes"时刷新节点信息，查看节点状态。等待一段时间，这些数据节点的状态便由 Normal 变成了 Decommissioned，过一段时间后变成 Died。

## 本章小结

本章主要介绍 Hadoop 集群环境的安装。首先讲解了 Hadoop 集群环境的三种运行模式，三种不同的运行模式恰恰对应了 Hadoop 集群环境的三种安装方式。然后详细讲解了伪分布式安装、完全分布式安装的配置过程以及安装成功后如何查看集群的运行状态，集群的启动进程以及如何通过 Web 浏览器访问、监控集群的运行状态。本章最后还讲解了在已启动的 Hadoop 集群环境中如何动态添加、删除节点，以及动态添加、删除节点后如何查看新增节点的运行状态。

# 习题

## 一、填空题

1. Hadoop 集群中的节点_____负责 HDFS 的数据存储。
2. 在 dfs.replication 配置的 HDFS 保存数据的副本数量是_____。
3. Hadoop 集群中的_____程序通常与 NameNode 在一个节点启动。
4. Hadoop 的运行模式有_____、_____和_____。
5. Hadoop 集群搭建中常用的 4 个配置文件有_____、_____、_____和_____。
6. 启动 HDFS 的 shell 脚本是_____，启动 YARN 的 shell 脚本是_____。

## 二、操作题

1. 根据 2.2 节伪分布式安装的安装及配置步骤，在自己计算机上搭建伪分布式 Hadoop 集群环境，环境搭建完毕后通过命令及 Web 访问方式查看集群的启动情况。

2. 根据 2.3 节完全分布式安装的安装及配置步骤，根据自己计算机的实际配置情况分析是否可以搭建至少 2 台节点的完全分布式 Hadoop 集群环境，如果配置允许则搭建完全分布式集群环境，搭建完毕后通过命令或 Web 访问方式查看集群的启动信息。

# 第3章 高可用与联邦

**学习目标**
- 了解高可用的概念
- 了解 Hadoop 集群中 NameNode 存在的问题
- 掌握 Hadoop 高可用的搭建过程
- 了解 Hadoop 高可用各个组成部分的作用
- 了解 YARN 高可用的作用
- 了解联邦的概念
- 了解联邦解决了什么问题

虽然主从结构相对简单，但实际应用中很少会被采用，这是因为其存在以下两个问题。

（1）若主节点发生故障，会使整个集群不可用。

（2）主节点内存受限，压力过大。

对上述的问题有不同的解决方案,也就是本章介绍的高可用和联邦。下面进行详细讲解。

## 3.1 高可用概述

高可用（High Availability，HA）是指一个系统经过专门的设计，从而减少停工时间，保持其服务的高度可用性。高可用一般有两个或两个以上的节点，且分为活动节点及备用节点。通常可把正在执行业务的称为活动节点，而备用节点是活动节点的一个备份节点。当活动节点出现问题，导致正在运行的业务（任务）不能正常运行时，备用节点会立即侦测到，并立即接续活动节点来执行业务，从而实现业务的不中断或短暂中断。

Hadoop 是一套高可靠的分布式存储计算系统，尽管被设计为可以使用普通的民用设备，但是它的计算以及容错能力依然表现优秀，这主要是因为 Hadoop 采用了冗余副本、机架感知、元数据备份（Checkpoint 和 EditLog）等容错机制。

以上这些并不是说 Hadoop 就满足了高可用性，在 Hadoop 集群中，如果 DataNode（简称 DN）出现问题，由于有备份的副本，所以只需做简单的配置即可实现删除和添加新的 DN，整个集群的运行不会受到太大的影响，作为普通用户甚至感受不到节点的切换。但是如果出现问题的是 NameNode（简称 NN），虽然 NN 也有 CheckPoint 和 EditLog 这样的备份机制，但是整个集群中只有一个 NN 服务于其他节点（非联邦情况下），将会造成整个集群停止运行，数据虽不至于丢失，但对于比较严格的用户或系统，这样明显的迟滞仍然是无法满足其要求的。

同理，ResourceManager（简称 RM）也存在这样的单点失效的问题，一旦 RM 节点失效，用户的作业提交就成了问题，在用户看来整个集群就不可用了。

对于 Hadoop 集群，RM 和 NN 都是"Single Point of Failure（单点故障）"，起着"一票否决"的作用，所以 Hadoop 对 NN 和 RM 都提供了 HA 选项，采用的都是 Active/Standby 的措施来达到 HA 的要求。

所谓 Active/Standby 是一种热备方案，这种方案中，"在位"的行使职权的 Active 的管理者只有一个，但有一个作为备用（即 Standby）的候补管理者时刻准备着，当 Active 的管理者发生故障，Standby 的管理者就立刻顶上，并进行业务的接管，不用临时开机和初始化，所以称为"热备"，这个过程应该尽量做到让用户感受不到。

下面分别对 HDFS 和 YARN 的高可用进行介绍。

## 3.2 HDFS 高可用

目前国内使用较多的是仲裁日志管理器（Quorum Journal Manager，QJM）的 HDFS 高可用。QJM 由 Cloudera 开发，实现了读写高可用性，其由 ZooKeeper 和 JournalNode 组成，通常用于对 Hadoop 日志的共享进行管理。

（1）ZooKeeper 是 Apache 软件基金会的一个软件项目，它为大型分布式计算提供开源的分布式配置服务、同步服务和命名注册。ZooKeeper 本身也是一个分布式系统，它主要有以下三个特点。

① 具有存储功能，但通常用它来保存应用系统的元数据信息，在 Hadoop 的 HA 集群中，使用 ZooKeeper 的存储功能可保存 NameNode 的状态信息。

② 对数据的变化提供监听和触发事件机制。Hadoop HA 集群中，ZooKeeper 会监听两个 NameNode 的工作状态，当状态发生改变时，由其协调 Active 与 Standby 状态的切换。

③ 具有强大的高可用性，ZooKeeper 集群的节点只要有半数以上存活，就可以对外提供服务。

（2）JournalNode 是 Hadoop 用来存储日志的节点，通常被部署在 ZooKeeper 集群中，借助 ZooKeeper 的高可用性，可以有效防止元数据信息的丢失，保证了 Hadoop 的容错能力。

接下来重点介绍 HDFS 高可用的运行流程和环境搭建。

### 3.2.1 HDFS 高可用的运行流程

在典型 HDFS HA 集群中，两台独立的计算机配置为 NameNode。在任意时间点，其中一个 NameNode 处于活动状态（即 Active NameNode），另一个 NameNode 处于待机状态（即 Standby NameNode）。Active NameNode 负责集群中的所有客户端操作，而 Standby NameNode 只是充当从属服务器，维持足够的状态以在必要时提供快速故障转移，如图 3-1 所示。

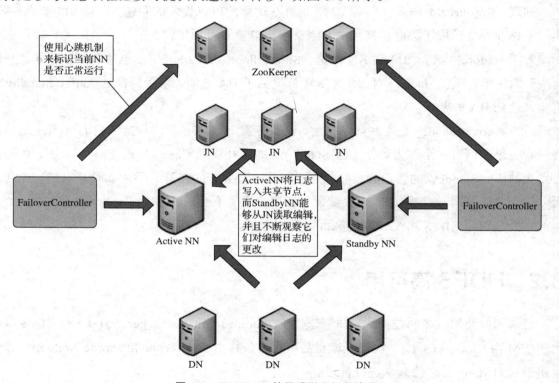

图 3-1　HDFS HA 的组成以及运行流程

为了使 Standby 节点保持与 Active 节点状态同步，两个节点都与一组称为 JournalNode（简称 JN）的单独守护进程通信。当 Active 节点执行任何命名空间修改时（在 HA 集群中，提供服务的 NN 变成了两个，如果是联邦则会更多，一个命名空间就是由一个 NN 管理的目录、文件和块），它会将修改记录持久地记录到大多数的 JN 中。Standby 节点能够从 JN 进行读取，并且不断观察它们对编辑日志的更改。当 Standby 节点发现日志编辑时，它会将这些日志的改变应用到自己的命名空间，如果发生故障转移，Standby 将确保在将自身升级为 Active 状态之前已从 JN 读取所有编辑内容。这可确保在发生故障转移之前完全同步命名空间状态。

除了日志之外，Standby NameNode 还必须具有关于集群中块的位置的最新信息（这是因为 NN 中只会保存文件与数据块的映射信息，而不会保存数据块与 DN 的映射信息，此信息是由 DN 通过心跳发送给 NN 的）。因此，DN 会同时向它们发送块位置信息和心跳，而不管哪个是主哪个是备。心跳（Heartbeat）是指定时发送信息给对方，以确保连接的有效性，后续章节会详细介绍。

在图 3-1 中还可以看到集群中存在名称为 FailoverController（也叫 ZKFC）的进程，它是 NN 节点中的进程，与 ZooKeeper 集群保持心跳通信，提供当前 NN 的工作状态，如果 Active 的 NN 出现问题，ZKFC 内部的 HealthMonitor 监控到 NN 异常，然后断开与 ZooKeeper 的连接，ZooKeeper 通过对数据的事件触发机制完成 Standby 节点到 Active 的切换。

需要注意的是，ZKFC 有时不能准确判断当前 NN 节点是否出现问题，例如，当前 NN 节点发生了 full gc（JVM 内置的一种通用垃圾回收原则，full gc 发生时，会进行 JVM 整个堆空间的清理），此时节点处于假死状态，但稍后会恢复，如果此时 ZooKeeper 进行了状态的切换，则会导致两个 NN 都处于 Active 状态，这种现象叫作"脑裂"。其实即使不出现问题，切换过程中（主备之间的切换其实无须等到主 NN 出现问题时才切换，也可以进行手动切换，方法是使用 DFSHAAdmin 命令行工具，关于此命令的具体使用可以查询官方文档，此处不再介绍），如果 Active 的 NN 运行较慢，而 Standby 的 NN 运行较快，也会导致"脑裂"的情况发生。为了防止这种情况，HDFS 提供了 fence（隔离）机制，此机制提供了两种方法：shell 和 sshfence。以 shell 为例，当 Active NN 出现问题时，可以运行事先编写好的 shell 脚本，来执行自定义操作，如继续等待或者直接 kill（中止）NameNode 进程。

### 3.2.2 HDFS 高可用的环境搭建

在讲解了 HDFS 高可用的运行流程后，下面介绍如何搭建 HDFS 高可用环境。HDFS HA 集群的搭建过程相对单 NN 的要更加复杂，HA 集群中涉及的进程主要包括 NameNode、DataNode、ResourceManager、NodeManager、JournalNode、ZKFC 和 QuorumPeerMain（ZooKeeper 进程），本次 HA 集群环境搭建采用了三台虚拟机，为了保证集群的合理性，需要对集群中各个进程和节点的归属关系进行规划，如表 3-1 所示。

HDFS 高可用的
环境搭建

表 3-1　　　　　　　　　　　　　集群规划

| 节点 | NameNode | DataNode | ResourceManager | NodeManager | JournalNode | ZKFC | QuorumPeerMain |
|---|---|---|---|---|---|---|---|
| node0 | √ | √ | √ | √ | √ | √ | √ |
| node1 | √ | √ |  | √ | √ | √ | √ |
| node2 |  | √ |  | √ | √ |  | √ |

集群规划完成之后，即可开始搭建 HDFS HA 集群环境。

1. 前期准备

搭建 HDFS HA 集群环境的前期准备工作，如设置静态 IP、配置主机名、创建用户、免密码登录等。这些内容在第2章中已进行讲解，此处不再赘述。另外，不建议通过修改第2章中搭建的单节点的集群实现 HA，最好搭建一套新的虚拟机环境来实现，此处以三个节点为例。

### 2. 搭建 ZooKeeper 集群

对 HA 集群来说，ZooKeeper 非常重要，JournalNode 和 ZKFC 都需要 ZooKeeper。ZooKeeper 环境的搭建相对简单，但由于 ZooKeeper 本身也是集群（虽然可以配置单节点 ZooKeeper，但实际生产环境中使用的是集群），因此通常配置完一个节点后，使用 scp 命令分发到其他节点即可。其搭建过程如下（此处以笔者环境为主，读者可以根据自己的情况进行修改）。

（1）将下载的 ZooKeeper（此处以 ZooKeeper 3.5.5 为例）复制到 node0 节点上。

（2）ZooKeeper 解压命令如下。

```
tar -xzvf ZooKeeper_3.5.5.tar.gz -C ~/home/hadoop/
```

（3）进入解压后的 ZooKeeper 的 conf 目录下，将 zoo.sample.cfg 文件修改为 zoo.cfg，命令如下。

```
cp zoo.sample.cfg zoo.cfg
```

（4）使用 vi 命令打开 zoo.cfg，将其内容中的 dataDir 修改为自定义的目录。

```
dataDir=/home/hadoop/zkdata
```

在文件末尾添加如下内容。

```
server.1=node0:2888:3888
server.2=node1:2888:3888
server.3=node2:2888:3888
```

上面配置中的 1、2、3 指的是 ZooKeeper 集群各节点的编号，等号右侧以冒号分隔的内容分别指的是对应的主机名、节点间的心跳端口、数据交互的端口。

（5）zoo.cfg 文件修改保存后，创建其中指定的 dataDir 目录，并且将配置中对应的节点编号保存到一个名称为 myid 的文件中。

```
mkdir ~/zkdata
echo 1 >~/zkdata/myid
```

（6）通过 scp 命令将解压的 ZooKeeper 文件夹分发到 node1 和 node2 节点。

```
scp -r ZooKeeper_3.5.5 hadoop@node1:/home/hadoop/
scp -r ZooKeeper_3.5.5 hadoop@node2:/home/hadoop/
```

（7）分别在 node1 和 node2 上创建 zkdata 文件夹，并在其中创建包含对应编号的 myid 文件。

在 node1 节点执行如下命令：

```
mkdir zkdata
echo 2 >zkdata/myid
```

在 node2 节点执行如下命令：

```
mkdir zkdata
echo 3 >zkdata/myid
```

(8)执行"vi /ect/profile"命令,在文件中将 ZooKeeper 安装目录下的 bin 文件夹添加到 PATH 环境变量中,以方便启动 ZooKeeper 服务。

```
export PATH=$PATH:/home/hadoop/ZooKeeper3.5.5/bin
```

(9)执行 ZooKeeper 启动命令来测试 ZooKeeper 是否安装成功,在三个节点上分别执行如下命令:

```
zkServer.sh start
```

然后在三个节点上分别执行如下命令:

```
zkServer.sh status
```

如果提示如下信息,则表示 ZooKeeper 安装成功。

```
node0:
    [hadoop@node0 bin]$ zkServer.sh status
    ZooKeeper JMX enabled by default
    Using config: /home/hadoop/ZooKeeper355/bin/../conf/zoo.cfg
    Client port found: 2181. Client address: localhost.
    Mode: follower
node1:
    [hadoop@node1 ~]$ zkServer.sh status
    ZooKeeper JMX enabled by default
    Using config: /home/hadoop/ZooKeeper355/bin/../conf/zoo.cfg
    Client port found: 2181. Client address: localhost.
    Mode: leader
node2:
    [hadoop@node2 ~]$ zkServer.sh status
    ZooKeeper JMX enabled by default
    Using config: /home/hadoop/ZooKeeper 355/bin/../conf/zoo.cfg
    Client port found: 2181. Client address: localhost.
    Mode: follower
```

通过查看 ZooKeeper 状态,可以看出 node1 中的 ZooKeeper 为领导者,而另外两个节点都为跟随者。在 ZooKeeper 中,领导者的作用是更新系统状态;跟随者的作用是接收客户端请求,并向客户端返回结果。ZooKeeper 集群搭建完成之后,就可以开始搭建 HDFS HA 集群。

3. 搭建 HDFS HA 集群

Hadoop 的相关配置文件主要包括 core-site.xml、hdfs-site.xml、mapred-site.xml、yarn-site.xml 和 slaves 这 5 个文件,下面依次介绍每个文件的配置内容。

(1)使用 vi 命令打开 core-site.xml 文件,并添加如下内容。

```
<configuration>
<!-- 指定 hdfs 的 nameservice 为 ns -->
<property>
```

```xml
        <name>fs.defaultFS</name>
        <value>hdfs://ns</value>
    </property>
    <!--指定hadoop数据的临时存放目录-->
    <property>
        <name>hadoop.tmp.dir</name>
        <value>/home/hadoop/metadata</value>
    </property>
    <!--指定ZooKeeper地址-->
    <property>
        <name>ha.ZooKeeper.quorum</name>
        <value>node0:2181,node1:2181,node2:2181</value>
    </property>
</configuration>
```

(2)使用vi命令打开hdfs-site.xml文件,并添加如下内容。

```xml
<configuration>
    <property>
        <name>dfs.replication</name>
        <value>3</value>
    </property>
    <!--指定hdfs的nameservice为ns,需要和core-site.xml中的保持一致 -->
    <property>
        <name>dfs.nameservices</name>
        <value>ns</value>
    </property>
    <!-- ns下面有两个NameNode,分别是nn1、nn2 -->
    <property>
        <name>dfs.ha.namenodes.ns</name>
        <value>nn1,nn2</value>
    </property>
    <!-- nn1的RPC通信地址 -->
    <property>
        <name>dfs.namenode.rpc-address.ns.nn1</name>
        <value>node0:8020</value>
    </property>
    <!-- nn1的http通信地址 -->
    <property>
        <name>dfs.namenode.http-address.ns.nn1</name>
        <value>node0:50070</value>
    </property>
    <!-- nn2的RPC通信地址 -->
    <property>
        <name>dfs.namenode.rpc-address.ns.nn2</name>
        <value>node1:8020</value>
    </property>
    <!-- nn2的http通信地址 -->
    <property>
```

```xml
            <name>dfs.namenode.http-address.ns.nn2</name>
            <value>node1:50070</value>
        </property>
        <!-- 指定 NameNode 的元数据在 JournalNode 上的存放位置 -->
        <property>
             <name>dfs.namenode.shared.edits.dir</name>
<value>qjournal://node0:8485;node1:8485;node2:8485/ns</value>
        </property>
        <!-- 指定 JournalNode 在本地磁盘存放数据的位置 -->
        <property>
             <name>dfs.journalnode.edits.dir</name>
             <value>/home/hadoop/ha/journal</value>
        </property>
        <!-- 开启 NameNode 故障时自动切换 -->
        <property>
             <name>dfs.ha.automatic-failover.enabled</name>
             <value>true</value>
        </property>
        <!-- 配置失败自动切换实现方式 -->
        <property>
               <name>dfs.client.failover.proxy.provider.ns</name>
<value>org.apache.hadoop.hdfs.server.namenode.ha.ConfiguredFailoverProxyProvider</value>
        </property>
        <!-- 配置隔离机制 -->
        <property>
               <name>dfs.ha.fencing.methods</name>
               <value>sshfence</value>
        </property>
        <!-- 使用隔离机制时需要 SSH 免登录 -->
        <property>
               <name>dfs.ha.fencing.ssh.private-key-files</name>
               <value>/home/hadoop/.ssh/id_rsa</value>
        </property>
</configuration>
```

（3）使用 vi 命令打开 **mapred-site.xml** 文件，并添加如下内容。

```xml
    <configuration>
     <property>
           <name>mapreduce.framework.name</name>
           <value>yarn</value>
     </property>
    <!-- MapReduce JobHistory Server 地址 -->
    <property>
           <name>mapreduce.jobhistory.address</name>
           <value>node0:10020</value>
    </property>
    <property>
```

```xml
            <name>mapreduce.jobhistory.webapp.address</name>
            <value>node0:19888</value>
    </property>
</configuration>
```

将 yarn-site.xml 修改为如下内容。

```xml
<configuration>
    <!-- 指定 nodemanager 启动时加载 server 的方式为 shuffle server -->
    <property>
            <name>yarn.nodemanager.aux-services</name>
            <value>mapreduce_shuffle</value>
    </property>
    <!-- 指定 resourcemanager 地址 -->
    <property>
            <name>yarn.resourcemanager.hostname</name>
            <value>node0</value>
    </property>
<property>
        <name>yarn.log-aggregation-enable</name>
        <value>true</value>
</property>
</configuration>
```

（4）使用 vi 命令打开 slaves 文件，并添加如下内容，设置三个 DataNode。

```
node0
node1
node2
```

（5）使用 scp 命令将配置好的 hadoop 分发到 node1 和 node2 节点。

```
scp -r hadoop hadoop@node1:/home/hadoop/
scp -r hadoop hadoop@node2:/home/hadoop/
```

（6）启动 HA 集群所需的各个服务。

① 启动 ZooKeeper

由于 NameNode 要向 JournalNode 写入日志，而 JournalNode 依赖 ZooKeeper，因此需要先启动 ZooKeeper，在各个节点执行如下命令。

```
zkServer.sh start
```

然后使用如下命令查看 ZooKeeper 的状态。

```
zkServer.sh status
```

如果显示一个 leader 和两个 follower，则表示 ZooKeeper 启动成功。

② 启动 JournalNode

在 node0 上执行如下命令：

```
hadoop-daemons.sh start journalnode
```

执行完毕后,在各个节点使用 jps 命令查看每个节点中的进程,如果显示如下内容则表示启动成功。

```
node0
[hadoop@node0 ~]$ jps
1358 QuorumPeerMain
1849 JournalNode
2046 Jps

node1
[hadoop@node1 ~]$ jps
1344 QuorumPeerMain
1891 Jps
1704 JournalNode

node2
[hadoop@node2 ~]$ jps
1780 Jps
1593 JournalNode
1230 QuorumPeerMain
```

③ 格式化 HDFS

在 node0 上执行如下命令:

```
hdfs namenode -format
```

执行后,如果没有问题,则会在 core-site.xml 中 hadoop.tmp.dir 配置的目录下创建对应的数据目录,类似如下结构。

```
[hadoop@node0 ~]$ tree metadata/
metadata/
└── dfs
    └── name
        └── current
            ├── fsimage_0000000000000000000
            ├── fsimage_0000000000000000000.md5
            ├── seen_txid
            └── VERSION
```

由于 node1 上也要启动 NameNode,因此需要将此生成的目录复制到 node1 对应的目录下。

④ 格式化 ZKFC

在 node0 上执行如下命令:

```
hdfs zkfc -formatZK
```

执行后,如果没有问题,系统会输出大量启动信息;格式化 ZKFC 的主要作用是在 ZooKeeper 中创建 hadoop-ha 目录,后续 ZKFC 会将 NameNode 的工作状态信息写入此目录下,以方便 ZooKeeper 处理。

```
............
    19/10/04 10:12:25 INFO ZooKeeper.ClientCnxn: Opening socket connection to
server node0/192.168.56.5:2181. Will not attempt to authenticate using SASL
(unknown error)
    19/10/04 10:12:25 INFO ZooKeeper.ClientCnxn: Socket connection established to
node0/192.168.56.5:2181, initiating session
    19/10/04 10:12:25 INFO ZooKeeper.ClientCnxn: Session establishment complete
on server node0/192.168.56.5:2181, sessionid = 0x1000127354b0000, negotiated
timeout = 10000
    19/10/04 10:12:25 INFO ha.ActiveStandbyElector: Session connected.
    19/10/04 10:12:25 INFO ha.ActiveStandbyElector: Successfully created
/hadoop-ha/ns in ZK.
    19/10/04 10:12:25 INFO ZooKeeper.ClientCnxn: EventThread shut down
    19/10/04 10:12:25 INFO ZooKeeper.ZooKeeper: Session: 0x1000017354b0000 closed
    19/10/04 10:12:25 INFO tools.DFSZKFailoverController: SHUTDOWN_MSG:
/************************************************************
SHUTDOWN_MSG: Shutting down DFSZKFailoverController at node0/192.168.56.5
************************************************************/
```

⑤ 启动 HDFS 和 YARN 集群

在 node0 上执行如下命令:

```
start-dfs.sh
start-yarn.sh
```

使用 jps 命令可以查看已经启动的进程。

```
node0
[hadoop@node0 ~]$ jps
5131 JournalNode
3615 QuorumPeerMain
5862 Jps
5809 NodeManager
4954 NameNode
5258 DFSZKFailoverController
5031 DataNode
5702 ResourceManager

node1
[hadoop@node1 ~]$ jps
2997 QuorumPeerMain
4662 DFSZKFailoverController
4470 JournalNode
5131 NodeManager
5260 Jps
4270 DataNode
4159 NameNode

node2
[hadoop@node2 ~]$ jps
2453 DataNode
```

```
1975 QuorumPeerMain
2872 NodeManager
3001 Jps
2553 JournalNode
```

⑥ 查看 HDFS HA 集群启动情况

在 node0 节点上输入 "hdfs haadmin -getAllServiceState" 命令查看所有服务状态，输出结果如下：

```
[hadoop@node0 ~]$ hdfs haadmin -getAllServiceState
node0:8020                                    active
node1:8020                                    standby
```

也可以通过访问 Web 页面进行查看，在浏览器地址栏中输入 "http://node0:50070" 和 "http://node1:50070"，如图 3-2 和图 3-3 所示。

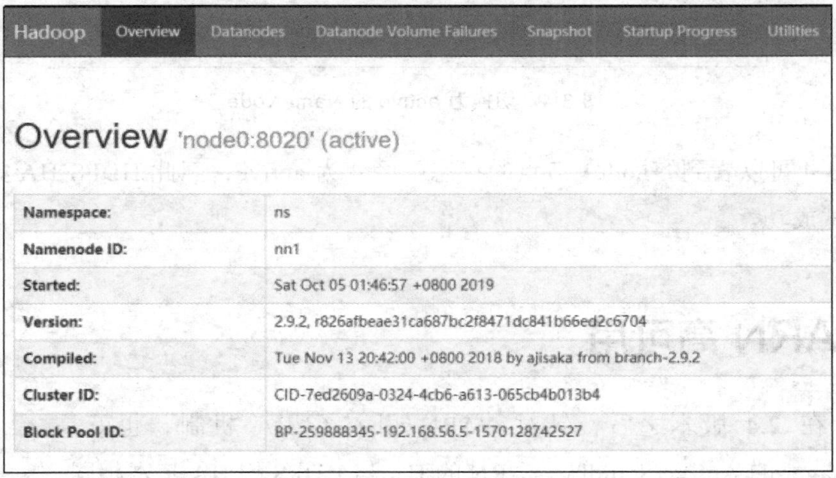

图 3-2　active 的 NameNode

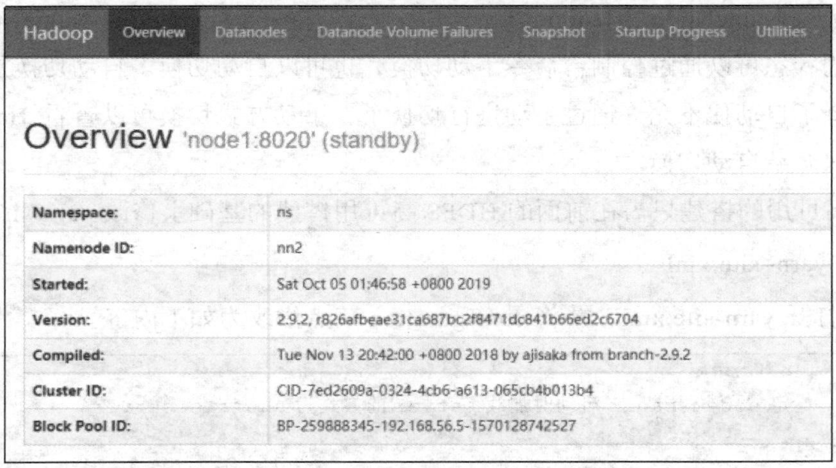

图 3-3　standby 的 NameNode

⑦ 测试 NameNode 是否能正常切换

通过步骤⑤可以看到 NameNode 的进程号为 4954，使用"kill -9 4954"命令中止此进程，然后在浏览器中输入"http://node1:50070"，查看 NameNode 状态是否可以正常切换，如图 3-4 所示。

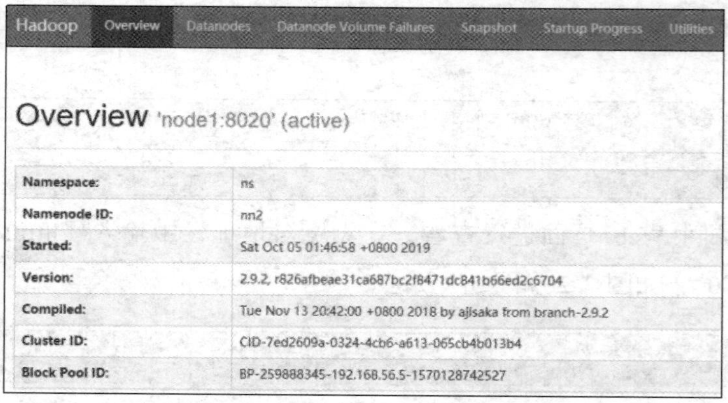

图 3-4 切换为 active 的 NameNode

通过图 3-4 可以看到，node1 节点的状态已经变为 active，至此 HDFS HA 集群已经搭建完成，并测试成功。

## 3.3 YARN 高可用

Hadoop 在 2.4 版本之后，针对 YARN 引入了 HA 机制，也就是 ResourceManager 的 Active/Standby。YARN 的 HA 与 HDFS 的 HA 基本相同，但 YARN HA 能够支持多个 Standby 的 ResourceManager（Hadoop 2.x 的 HDFS HA 只允许有一个 Standby 的 NameNode，Hadoop 3.x 之后，允许有多个 Standby 的 NameNode），Active 和 Standby 的状态可以通过控制台命令手动切换，也可以自动切换。自动切换是一个可配置的选项，选择了自动便不允许通过手动进行切换了，手动方式切换可以查看 Hadoop 的官方文档，此处只介绍自动切换。

YARN 高可用的搭建只需在前面的 HDFS 高可用搭建的基础上修改 yarn-site.xml 即可。

1. 修改 yarn-site.xml

使用 vi 打开 yarn-site.xml，并将 configuration 节点修改为如下内容。

```xml
<configuration>
    <!-- 指定 nodemanager 启动时加载 server 的方式为 shuffle server -->
    <property>
            <name>yarn.nodemanager.aux-services</name>
            <value>mapreduce_shuffle</value>
    </property>
```

```xml
    <property>
            <name>yarn.resourcemanager.ha.enabled</name>
            <value>true</value>
    </property>
<!-- 指定 RM 的集群 id -->
    <property>
            <name>yarn.resourcemanager.cluster-id</name>
            <value>RM_CLUSTER</value>
    </property>
<!-- 定义 RM 的节点-->
    <property>
            <name>yarn.resourcemanager.ha.rm-ids</name>
            <value>rm1,rm2</value>
    </property>
<!-- 指定 RM1 的地址 -->
    <property>
            <name>yarn.resourcemanager.hostname.rm1</name>
            <value>node0</value>
    </property>
<!-- 指定 RM2 的地址 -->
    <property>
            <name>yarn.resourcemanager.hostname.rm2</name>
            <value>node1</value>
    </property>
<!-- 激活 RM 自动恢复 -->
    <property>
            <name>yarn.resourcemanager.recovery.enabled</name>
            <value>true</value>
    </property>
<!-- 配置 RM 状态信息存储方式，有 MemStore 和 ZKStore-->
    <property>
            <name>yarn.resourcemanager.store.class</name>
            <value>org.apache.hadoop.yarn.server.resourcemanager.recovery.ZKRMStateStore</value>
    </property>
<!-- 配置为 ZooKeeper 存储时，指定 ZooKeeper 集群的地址 -->
    <property>
            <name>yarn.resourcemanager.zk-address</name>
            <value>node0:2181,node1:2181,node2:2181</value>
    </property>
</configuration>
```

2. 在 node1 上启动 ResourceManager 进程

与 HDFS 不同，ResourceManager 进程需要单独启动。在 node1 上执行如下命令：

```
yarn-daemon.sh start resourcemanager
```

3. 查看 YARN HA 的启动情况

使用浏览器访问 node0:8088，如图 3-5 所示，单击 Cluster 菜单下的 About，可以看到 ResourceManager 的状态为 active。

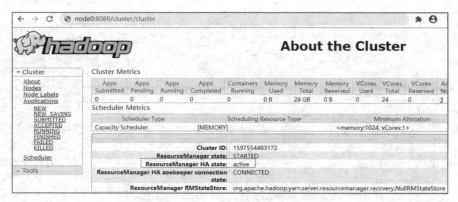

图 3-5  node0 的 Web 管理页面

再次访问 node1:8088，如图 3-6 所示，单击 Cluster 菜单下的 About，可以看到 Resource Manager 的状态为 standby。

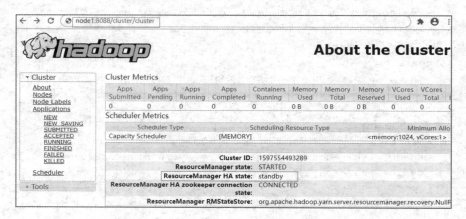

图 3-6  node1 的 Web 管理页面

此时，ResourceManager 高可用已生效，下面测试 ResourceManager 是否能正常切换。

4. 测试 ResourceManager 是否能正常切换

使用 kill 命令中止 node0 的 ResourceManager 进程。

```
[hadoop@node0 ~]$ jps
9548 JournalNode
9743 DFSZKFailoverController
9851 ResourceManager
6467 QuorumPeerMain
10639 Jps
9958 NodeManager
9348 DataNode
9237 NameNode
[hadoop@node0 ~]$ kill -9 9851
```

上面的命令执行完成之后，使用浏览器访问 node0:8088，页面已无法访问，如图 3-7 所示。

图 3-7　node0 已无法访问

再次访问 node1:8088，如图 3-8 所示，选择 Cluster 菜单下的 About，可以看到 ResourceManager 的状态由 standby 变为了 active，这说明 YARN HA 集群能正常工作了。

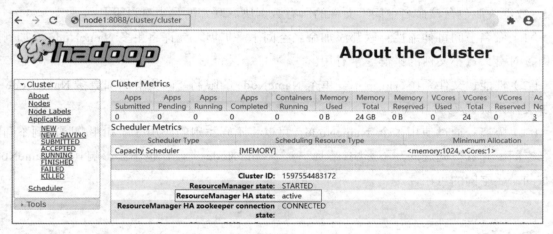

图 3-8　状态切换为 active 的 node1 管理页面

## 3.4　联邦

Hadoop 集群启动后，NameNode 在内存中保存了文件和块的映射关系，这意味着对于一个拥有大量文件的超大集群来说，由于数据量太大，NameNode 的内存中可能也无法放下这么多的对应关系，内存将成为限制系统横向扩展的瓶颈。Hadoop 2.x 版本中引入了 HDFS 联邦机制来解决这个问题。在联邦（Federation）的 HDFS 中可以设置多个 NameNode，每个 NameNode 管理文件系统命名空间中的一部分。例如，一个 NameNode 可能管理/user 目录下的所有文件，而另一个 NameNode 可能管理/docs 目录下的所有文件，如图 3-9 所示。

联邦

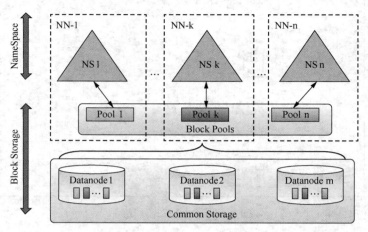

图 3-9　HDFS 联邦体系结构

在联邦环境下，每个 NameNode 维护一套命名空间的元数据和一个 Block Pool（数据块池），数据块池包含该命名空间下文件的所有数据块。联邦的优点有以下几点。

（1）命名空间可伸缩性：联邦添加命名空间水平扩展。允许将更多 NameNode 添加到集群中，对有大量小文件的集群非常有用。

（2）性能：文件系统吞吐量不受单个 NameNode 的限制。向集群添加更多 NameNode 可增加文件系统读/写吞吐量。

（3）隔离：通过使用多个 NameNode，可以将不同类别的应用程序和用户隔离到不同的命名空间，并且彼此之间互不影响，即使一个 NameNode 失效，也不会影响其他 NameNode 维护的命名空间的可用性。

## 本章小结

本章介绍了 Hadoop 高可用的概念及其解决的问题，并详细介绍了 Hadoop 高可用的搭建过程及分布式结构中较为重要的组件 ZooKeeper。此外，本章还介绍了 YARN 高可用的概念及其能够解决的问题，以及具体搭建过程。本章最后介绍了联邦的概念及其作用。

## 习题

一、填空题

1. 由于 NameNode 宕机，导致无法对外提供服务，可通过搭建_____来解决。
2. YARN 的高可用主要是解决_____。
3. 由于 HDFS 存储数据量过大，导致 NameNode 内存不足，可以通过搭建_____

来解决。

二、简答题

1. Hadoop 是如何解决高可用问题的？
2. 简述 ZooKeeper 的功能及其在 Hadoop 高可用中起到的作用。
3. YARN 是如何解决高可用问题的？
4. Hadoop 联邦解决了什么问题？

# 第4章　分布式文件系统HDFS

**学习目标**
- 掌握 HDFS 的架构原理
- 掌握 HDFS 的基本概念
- 掌握 HDFS 读写数据的流程
- 掌握 HDFS 元数据的管理机制
- 掌握 HDFS 中 Shell 命令的使用方法
- 了解开发环境的搭建方法
- 掌握 HDFS 常用 Java API 的使用方法

Hadoop 分布式文件系统（Hadoop Distributed File System，HDFS）是本书最重要的内容之一，HDFS 的出现主要是为了解决大文件的存储问题，同时 HDFS 也具备了高可用、易访问等特性。通过本章的学习，读者既能够解决上述问题，也能够通过各种方式对 HDFS 进行操作。

## 4.1　HDFS 概述

### 4.1.1　HDFS 简介

HDFS 是作为 Apache Nutch 搜索引擎项目的基础架构而开发的。HDFS 是 Hadoop 最核心的项目之一，它被设计成适合部署在通用硬件（Commodity Hardware）上的分布式文件系统。之所以使用分布式文件系统，从用户角度来说，主要是为了解决以下问题：

HDFS 概述

- 海量数据存储；
- 数据高可用性；
- 读写性能；
- 高并发。

以上问题也是 HDFS 面临和需要解决的问题。首先从 HDFS 的设计者所面临的问题开始介绍，希望读者能够对 HDFS 的设计目标有自己的认识，这非常重要。

1. 常态的硬件错误

在大规模集群上部署的文件系统必须考虑到硬件故障的问题。我们应该有这样的认识，就是硬件故障是常态。一个能用的分布式文件系统必须在硬件故障发生时能自动进行检测并恢复。

2. 海量数据集

在大数据处理应用方面，存储在 HDFS 上的文件大小一般为 GB 级，有时也会达到 TB 级，对大文件的支持又要求拥有整体上的高传输带宽，大数据存储还要求 HDFS 具有对海量文件的存储支持。

3. 流式访问需求

一般情况下，基于 HDFS 的应用对于数据访问的需求更偏重于数据集的吞吐速率，而非数据的访问反应时间。因此，HDFS 放宽了一部分可移植操作系统接口的约束，可以流式访问数据。

4. 一致性的困难

大数据量高带宽的数据访问需要一个简单的一致性模型。HDFS 的做法是"一次写入、多次读取"，一个文件一旦被创建并写入成功后，将不能再被修改。但是，HDFS 允许向文件中追加数据或者将现有数据截短。

5. 分布式计算的支持

基于 HDFS 的分布式计算所需要的数据离计算节点的距离越大则各项资源的开销也就越大，HDFS 应能提供数据分布查询的方法，以便于将计算移动到靠近数据的地方，这便是所谓的"移动计算而非移动数据"。

6. 平台移植的困难

为了能够得到更加广泛的应用，HDFS 对各种平台的兼容性也是必须考虑的。

## 4.1.2 HDFS 架构

HDFS 的架构属于典型的主从结构。如图 4-1 所示，传统的 HDFS 集群只包含一个主节点，主节点名为名称节点（NameNode），NameNode 主要负责文件系统命名空间（Namespace）的管理，同时也负责客户端的访问控制管理。从节点名为数据节点（DataNode），一个 HDFS 集群可以包含若干个数据节点，数据节点负责所在节点的数据的管理。需要注意的是，大文件在 HDFS 集群中存储时往往被切分为一个个的数据块（Block），数据块与所在数据节点的映射关系由 NameNode 负责管理。DataNode 负责为客户端提供本节点数据块的读写服务，在 NameNode 的调度下，DataNode 会响应客户需求进行数据块的创建、删除和复制等操作。

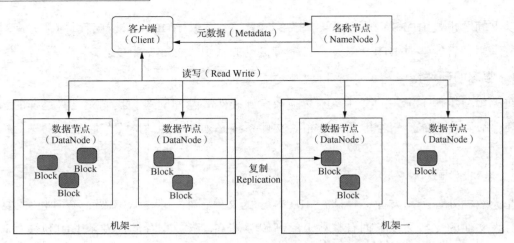

图 4-1 HDFS 架构

## 4.2 HDFS 的基本概念

为了能够更好地理解 HDFS 的整体架构，先介绍几个重要的概念。在主从拓扑架构层面，可以非常清晰地划分出 NameNode 和 DataNode。但作为分布式文件系统，从功能层面需要先理解以下两个概念：命名空间、块存储服务。

HDFS 的基本概念

### 4.2.1 命名空间与块存储服务

HDFS 使用的是传统的分级文件组织结构，如图 4-2 所示，命名空间（Namespace）负责管理文件系统中的树状目录结构，其层次结构与现在大多数文件系统基本类似，用户可以对文件或目录完成创建、删除等操作，也可以在目录与目录之间完成移动操作或者重命名操作。

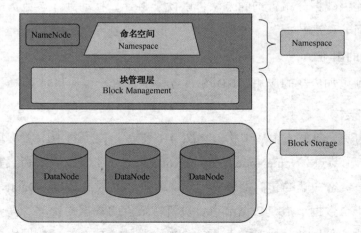

图 4-2 HDFS 存储逻辑架构示意图

块存储服务负责管理文件系统中文件的物理块与实际存储位置的映射关系，同时还包括管理物理块位置信息、常见操作（如增、删、改、查等操作）等。

需要特别注意的是，较早版本（1.0）的 HDFS 集群只能有一个命名空间。在后期的版本（2.0）中，单个集群可以利用多个 NameNode 管理多个命名空间。在中小规模的集群（如 1000 个节点以下）中，则无须考虑多命名空间的情况，以免增加不必要的复杂性。

我们在前面多次提到了数据块的概念，这是一个非常重要的概念，下面将会进行详细介绍。

### 4.2.2 数据块

磁盘有数据块（Block）的概念，是对数据读写的最小单元。HDFS 同样有数据块的概念，HDFS 在存放文件的时候先将文件切分为大小相同的数据块，并进行独立存储。我们在第 2 章中已经了解到 Hadoop 是基于 Linux 安装部署的，文件被切分后的数据块在 Linux 文件系统的视角下就是一个个的文件，如图 4-3 所示。

```
[hadoop@hadoop finalized]$ ls
blk_1073741825              blk_1073741849              blk_1073741873              subdir23
blk_1073741825_1001.meta    blk_1073741849_1025.meta    blk_1073741873_1049.meta    subdir24
blk_1073741826              blk_1073741850              blk_1073741874              subdir25
blk_1073741826_1002.meta    blk_1073741850_1026.meta    blk_1073741874_1050.meta    subdir26
blk_1073741827              blk_1073741851              blk_1073741875              subdir27
blk_1073741827_1003.meta    blk_1073741851_1027.meta    blk_1073741875_1051.meta    subdir28
```

图 4-3 数据块存储

用户可以在"${hadoop.tmp.dir}/dfs/data"目录下找到这些块文件。数据块的大小由"dfs.blocksize"参数决定，默认大小为 128MB。数据块一般不会太小，这符合 HDFS 的一般应用场景，目的是在大文件的读写中最小化寻址开销。

大多数的数据块大小都是一致的，但如果文件过小不足以达到数据块的大小时，该文件所形成的数据块将会是文件的实际大小。

数据块概念的引入也是为了容灾备份的需要。以数据块的方式存储数据非常便于备份，将一份数据块复制为多份，然后存储在不同节点上就可以实现备份。下面对数据复制的概念进行详细介绍。

### 4.2.3 数据复制

HDFS 是一个非常适合存放超大文件的文件系统，但是在 HDFS 集群上将文件拆分为数据块存放时，单个数据块的损坏会对文件的整体性造成影响。因此作为容错的考虑，数据块的复制策略是必需的。

除了文件的最后一个数据块之外，其他的数据块大小都是相同的。另外，需要特别指出的是，除了 append 和 truncates 操作之外，对现有数据块的操作是禁止的。也就是说数据的写入是一次性和独占性的，一次性指的是写入后无法修改，而独占性指的是文件只允许一名写入者操作。

数据复制（Data Replication）由 NameNode 统一管理，NameNode 会定期收集集群中每

个 DataNode 的数据块状态报告，以便了解数据块的分布情况。图 4-4 所示为副本策略。

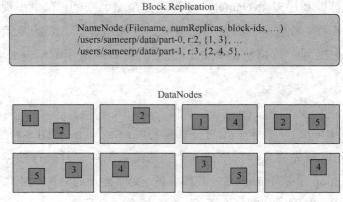

图 4-4　副本策略

HDFS 数据块副本在初始放置的时候考虑到了数据的安全与高效，默认会存放三份副本。由于大型集群受到机架槽位和交换机网口的限制，通常会跨越多个机架，机架内部与外部的带宽往往是不一致的。因为上述问题的限制，三份副本的放置策略如下。

- 第一份副本放置在客户端所在的节点，若客户端为远程访问则随机选择一个节点。
- 第二份副本放置在与第一份副本同机架的另外一个节点上。
- 第三份副本放置在不同机架的节点上。

如果本地的数据副本损坏，则会从同一机架的另一节点中读取副本，机架内部的高带宽会提高读取速率，若整体机架出现问题则再从不同机架上读取副本。

HDFS 的这种副本放置策略即为机架感知策略，机架的整体故障率要远少于单点故障率，机架感知策略通过减少机架间的数据传输，既提高了写操作的效率，同时又不会影响数据的可靠性和可用性。在三副本的情况下，数据块只存放在两个不同的机架上，所以此策略减少了读取数据时需要的网络传输总带宽。在这种策略下，副本并不是均匀分布在不同的机架上：1/3 的副本在一个机架上，2/3 的副本在另外一个机架上，如果副本数大于 3 时，则其他副本会均匀分布在剩下的机架中，这种策略在不损害数据可靠性和读取性能的情况下改进了写的性能。

机架感知策略默认情况下是关闭的，且 HDFS 集群并不能自动判断节点与机架的对应关系，需要在 NameNode 上的 "core-site.xml" 文件中配置参数 "topology.script.file.name"，该参数的 Value 值为一个自定义脚本，脚本接收节点名或 IP 地址，返回值为所在机架名。

### 4.2.4　心跳检测与副本恢复

每个 DataNode 都会定期地向 NameNode 发送心跳包消息。一旦有 DataNode 离线的情况出现，NameNode 就会根据对心跳包的监测来实时获知异常情况，并将该节点标识为死节点，NameNode 将不会向死节点转发任何 I/O 请求。死节点的出现意味着有不可用的副本，也就是说文件的副本数可能会低于配置数，此时 NameNode 会根据需要启动副本的重新复制。心跳检测也不宜过于灵敏，否则数据节点的断续离线会导致副本复制风暴出现，占用大量内部带宽资源。默认离线时间为 630 秒，用户也可以将经常离线的节点手动设置为 stale 节点，从而避免使用该节点数据。

## 4.3 HDFS 的数据读写流程

HDFS 的数据读写流程

前面已经提到过，HDFS 适合于大文件的读写，HDFS 的读写流程由客户端发起，写入流程从文件的截取开始。读写的单元有大有小，下面来了解以下几种数据单元。

（1）Block：前面已经详细介绍了，此处不再赘述，需要特别提出的是，Block 是这几种数据单元中最大的一种。

（2）Packet：Packet 是客户端向数据节点传输数据的基本单元，默认为 64KB。

（3）Chunk：Chunk 是数据传输的校验单元，默认为 512B。

### 4.3.1 数据写入流程

通过图 4-5，可以将数据写入流程总结如下。

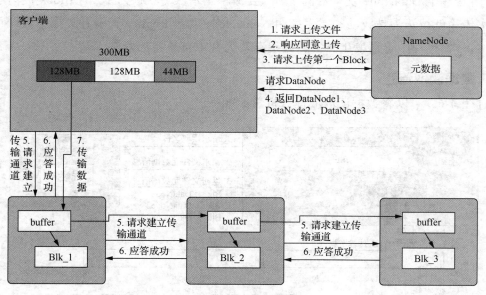

图 4-5 数据写入

（1）客户端首先与 NameNode 建立连接，发起文件上传请求。

（2）NameNode 检查上传路径是否存在，目标文件是否存在，权限是否允许。若无问题则修改命名空间，并反馈允许上传。

（3）客户端收到允许上传反馈后再次请求第一个 Block 所在的节点名。

（4）NameNode 根据机架感知原理选取三个节点（DataNode1、DataNode2、DataNode3）

并将其反馈给客户端。

（5）客户端从获取的三个节点中选取一个节点建立管道（Pipeline）连接，请求上传数据。节点 1 收到请求后与节点 2 获取连接，节点 2 收到请求后与节点 3 获取连接。

（6）连接全部建立成功后，客户端开始向第一个节点传输第一个 Block。该 Block 数据以 Packet 为单位进行传输。数据的校验则是以更小的 Chunk 单位进行的。数据在客户端本地和 DataNode 端都有读取和写入的缓存队列。每一次 Packet 在 Pipeline 上的传输都需要反向应答。直到写完预定的 Block 为止。节点 1、节点 2 和节点 3 之间也会以同样的方式同步传输。

（7）当第一个 Block 传输完毕后，客户端会再次发送请求到 NameNode，将整个流程再次重复。

数据在写入过程中可能会出现各种异常，HDFS 对不同的异常情况处理如下。

① 传输过程中 DataNode 发生宕机，对应的正常运行的 DataNode 上的 Block 会被标记。已经宕机的 DataNode 会被从 Pipeline 中移除，其他正常运行的 DataNode 继续写入不受影响。若该 DataNode 恢复运行，未完成的 Block 会被删除，并启动一个复制（Replica）任务使副本数达到要求值。

② 若有多个 DataNode 发生宕机，则只要最小副本数（默认为 1）的 Block 被创建成功，那么该次传输就被认为是成功的。后续由 NameNode 发起 Replica 任务补齐副本数即可。

③ 若传输过程中管道发生异常，则缓存队列会重新从头部发送。

### 4.3.2 数据读取流程

通过图 4-6，可以将数据读取流程分析总结如下。

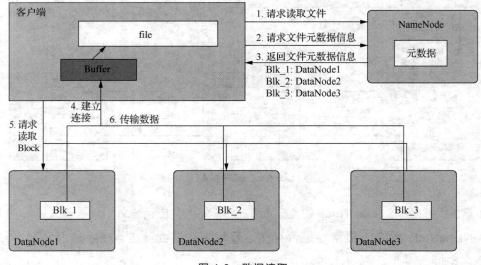

图 4-6 数据读取

（1）客户端首先与 NameNode 建立连接，发起文件读取请求。NameNode 检查上传路径是否存在，目标文件是否存在，权限是否允许。

（2）客户端请求 NameNode 的元数据信息。

（3）NameNode 反馈目标文件 Block 和 DataNode 的对应关系。

（4）客户端与目标 DataNode 建立连接。

（5）客户端开始从目标节点读取数据块写入缓存，再从缓存写入文件。

（6）第一个 Block 读入成功后再启动第二个 Block 的读取流程，以此类推。

## 4.4 HDFS 元数据管理机制

HDFS 元数据
管理机制

元数据是由 NameNode 管理的用于维护整个文件系统的数据，从功能上可以划分为以下几类。

（1）文件目录结构信息及其自身的属性信息。

（2）文件存储信息，包括文件分块信息及 Block 和节点对应信息（需要注意的是 Block 和节点的对应关系是临时构建的，并不会持久化存储）。

（3）DataNode 信息。

### 4.4.1 元数据持久化机制

所有元数据均在集群运行期间常驻内存，其大小随文件系统规模的增大而增大，且可随时更改，但考虑到集群重启或关机维护等异常状态下内存清空的情况，内存元数据需要进行持久化。

对于文件系统的每次更改都会以日志记录的方式记录到 EditLog 事务日志中，NameNode 会在本地文件系统中创建一个文件（见图 4-7）来存储 EditLog 事务日志。完整的元数据会被持久化到本地文件系统中的 FSImage 文件中（见图 4-8）。

```
edits_0000000000000000001-0000000000000000002
edits_0000000000000000003-0000000000000000003
edits_0000000000000000004-0000000000000000004
edits_0000000000000000005-0000000000000000006
edits_0000000000000000007-0000000000000000562
edits_0000000000000000563-0000000000000000564
```

图 4-7　EditLog 文件

```
fsimage_0000000000000000595
fsimage_0000000000000000595.md5
fsimage_0000000000000000597
fsimage_0000000000000000597.md5
```

图 4-8　FSImage 文件

FSImage 文件中的元数据信息与在内存中的元数据信息并不完全一致，主要原因就在于 FSImage 文件中的数据并不是实时的，实时的记录由 EditLog 文件完成。只有将 FSImage 文件与合适的 EditLog 文件合并才能得到实时的元数据信息。从图 4-8 中我们可以看到元数据的持久化文件的文件名后半部分有类似版本记录的递增数字，当发生重启或者到了预先设置的合并阈值被触发的时候，NameNode 便会从磁盘中将最新的 FSImage 与递增数字大于最新 FSImage 版本的 EditLog 文件全部调入合并，并写入磁盘。

### 4.4.2 元数据合并机制

虽然第 2 章中部署了 Hadoop 的伪分布式集群与完全分布式集群，第 3 章中部署了 HDFS 的高可用集群，但它们的元数据合并机制是不同的。伪分布式集群和完全分布式集群是使用 SecondaryNameNode 进行元数据文件合并的，而 HA 集群是使用 Standby NameNode 进行元数据文件合并的，下面分别来介绍这两种元数据合并机制。

#### 1. 使用 SecondaryNameNode 进行元数据文件合并

元数据合并的关键节点名为 CheckPoint，它的目的就是获取当前文件系统元数据的快照并将其持久化，以保持元数据与持久化文件的一致。对于 FSImage 的增量编辑是不允许的，因此每次 CheckPoint 都是重新生成 FSImage 文件。不生成新的 FSImage 文件，而使用 EditLog 文件进行合并，理论上是可行的，但明显会延长系统启动的时间。

FSImage 文件和 EditLog 文件可以通过 ID 来互相关联。在参数 "dfs.namenode.name.dir" 设置的路径下，会保存 FSImage 文件和 EditLog 文件。

CheckPoint 触发阈值由两个参数决定。

（1）dfs.namenode.checkpoint.period：设置两次相邻 CheckPoint 之间的时间间隔，默认是 1 小时。

（2）dfs.namenode.checkpoint.txns：设置未经检查的事务的数量，默认为 100 万次。

CheckPoint 操作需要临时占用大量的资源，会对 NameNode 的日常操作造成巨大负担，因此 CheckPoint 并不是由 NameNode 来完成的，而是由 SecondaryNameNode 来完成的。NameNode 元数据持久化操作与 CheckPoint 操作如图 4-9 所示。

辅助节点 SecondaryNameNode 查询 NameNode 状态并请求 CheckPoint 操作，当 CheckPoint 被触发后，NameNode 首先将正在记录当前修改日志的日志文件 Edits_inprogress_X（X 指代最新的日志 ID，该 ID 可以从 seen_txid 文件中获取）滚动为 Edits_inprogress_X+n。然后将当前的 FSImage 文件和最新的 Edits 日志文件复制到 Secondary NameNode。SecondaryNameNode 负责将上述文件合并为 FSImage.chkpoint 文件，再将其复制到 NameNode 并重新命名为 FSImage_X 文件。

#### 2. HA 模式下元数据文件合并

在 Hadoop 2.x 版本以后，SecondaryNameNode 不再是必需的节点了，元数据文件的合并在 HA 模式下可以不再通过 SecondaryNameNode 完成。第 3 章已经介绍，这里不再赘述。

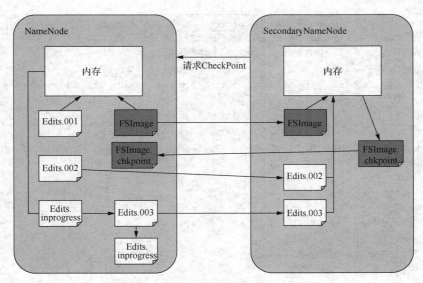

图 4-9　元数据管理机制

HA 模式下元数据合并（也就是 CheckPoint 过程）由 Standby NameNode 来完成。Standby NameNode 检查是否达到 CheckPoint 条件，如果已经超过阈值，就将该元数据以 fsimage.ckpt_txid 格式保存到 Standby NameNode 的磁盘上。然后将该 fsimage.ckpt_txid 文件重命名为 fsimage_txid。接着 Standby NameNode 联系 Active NameNode，Active NameNode 从 Standby NameNode 获取最新的 fsimage_txid 文件并保存为 fsimage.ckpt_txid，经过确认校验成功，再将 fsimage.ckpt_txid 文件重命名为 fsimage_txit。

通过上面一系列的操作，Standby NameNode 上最新的 FSImage 文件就成功同步到了 Active NameNode 上。

## 4.5　HDFS Shell 命令

用户与 HDFS 文件系统的交互方式有很多种，其中 Shell 命令是最方便快捷的一种方式，它接收用户的指令并传送至内核执行。接下来重点讲解 HDFS Shell 命令的使用。

### 4.5.1　文件系统常用操作命令

初次接触 Hadoop 文件系统的 Shell 命令，可以使用 "hadoop fs -help" 来获取帮助，以下所列均为可使用的参数及命令格式。

文件系统常用操作命令

```
[hadoop@hadoop current]$ hadoop fs -help
Usage: hadoop fs [generic options]
    [-appendToFile <localsrc> ... <dst>]
    [-cat [-ignoreCrc] <src> ...]
    [-checksum <src> ...]
```

```
[-chgrp [-R] GROUP PATH...]
[-chmod [-R] <MODE[,MODE]... | OCTALMODE> PATH...]
[-chown [-R] [OWNER][:[GROUP]] PATH...]
[-copyFromLocal [-f] [-p] <localsrc> ... <dst>]
[-copyToLocal [-p] [-ignoreCrc] [-crc] <src> ... <localdst>]
[-count [-q] <path> ...]
[-cp [-f] [-p] <src> ... <dst>]
[-createSnapshot <snapshotDir> [<snapshotName>]]
[-deleteSnapshot <snapshotDir> <snapshotName>]
[-df [-h] [<path> ...]]
[-du [-s] [-h] <path> ...]
[-expunge]
[-get [-p] [-ignoreCrc] [-crc] <src> ... <localdst>]
[-getmerge [-nl] <src> <localdst>]
[-help [cmd ...]]
[-ls [-d] [-h] [-R] [<path> ...]]
[-mkdir [-p] <path> ...]
[-moveFromLocal <localsrc> ... <dst>]
[-moveToLocal <src> <localdst>]
[-mv <src> ... <dst>]
[-put [-f] [-p] <localsrc> ... <dst>]
[-renameSnapshot <snapshotDir> <oldName> <newName>]
[-rm [-f] [-r|-R] [-skipTrash] <src> ...]
[-rmdir [--ignore-fail-on-non-empty] <dir> ...]
[-setrep [-R] [-w] <rep> <path> ...]
[-stat [format] <path> ...]
[-tail [-f] <file>]
[-test -[defsz] <path>]
[-text [-ignoreCrc] <src> ...]
[-touchz <path> ...]
[-usage [cmd ...]]
```

其中，hadoop fs 是 Hadoop 调用文件系统的命令接口，其实不仅 HDFS 可以使用 hadoop fs 来调用，其他文件系统也可以使用该命令调用。如果只是调用 HDFS，可以使用 hadoop fs 命令。

hadoop fs 的一般命令格式如下：

```
hadoop fs <args>
```

所有的 fs Shell 命令都使用 URI 路径作为参数，URI 格式是 scheme://authority/path，在 HDFS 文件系统中，scheme 是 hdfs，而在本地文件系统中，scheme 是 file。其中 scheme 和 authority 参数都是可选的，如果未加指定，就会使用配置中指定的默认 scheme。HDFS 的默认工作目录为/user/$(USER)，USER 是当前用户的登录名。

接下来列举常用的 HDFS Shell 命令。

1. hadoop fs –ls [<path>]

列出参数所指定目录下的所有文件和目录。

如果是文件，则按照如下格式返回文件信息：

```
权限 <副本数> 用户ID 组ID 文件大小 修改日期 修改时间 文件名
```

示例:

```
-rw-r--r--  1 hadoop supergroup  158351360 2019-08-01 01:24 /newfile
```

如果是目录,则返回它直接子文件的一个列表。

如果命令参数为多层目录,则可以使用 hadoop fs -lsr 或者 hadoop fs -ls -R 递归显示。

示例:

```
[hadoop@hadoop current]$ hadoop fs -ls -R /user
drwxr-xr-x - hadoop supergroup 0 2019-08-18 23:43 /user/hadoop
drwxr-xr-x - hadoop supergroup 0 2018-09-16 19:53 /user/hadoop/
         QuasiMonteCarlo_1537152820836_1595951949
drwxr-xr-x - hadoop supergroup 0 2018-09-16 19:53 /user/hadoop/QuasiMonte
       Carlo_1537152820836_1595951949/in
-rw-r--r-- 1 hadoop supergroup 118 2018-09-16 19:53 /user/hadoop/QuasiMonte
      Carlo_1537152820836_1595951949/in/part0
...
```

2. hadoop fs –mkdir <paths>

接受路径指定的 URI 作为参数,创建这些目录。

示例:

```
[hadoop@hadoop current]$ hadoop fs -mkdir /dir
[hadoop@hadoop current]$ hadoop fs -ls /
Found 6 items
drwxr-xr-x   - hadoop supergroup          0 2019-08-19 00:26 /dir
```

如果需要创建多级目录可以使用 -p 选项。

示例:

```
[hadoop@hadoop current]$ hadoop fs -mkdir -p /path/childpath
[hadoop@hadoop current]$ hadoop fs -ls -R /path
drwxr-xr-x - hadoop supergroup 0 2019-08-19 00:32 /path/childpath
```

3. 查看文件内容

查看文件内容可以使用以下命令。

```
hadoop fs -cat <path>
hadoop fs -text <path>
```

4. hadoop fs –touchz <path>

在指定目录创建大小为 0 的新文件,若已有重名文件存在,则返回错误信息。

示例:

```
[hadoop@hadoop current]$ hadoop fs -touchz /newfile
touchz: '/newfile': Not a zero-length file
```

5. hadoop fs –put <localsrc> <dst>

将文件从本地目录上传到分布式文件系统指定的目录中,localsrc 为文件的本地路径,dst

为需要上传到的路径。

示例：

```
[hadoop@hadoop current]$ hadoop fs -put ~/file /file
```

如果上传成功则返回 0，失败则返回-1。

copyFromLocal 命令同 put 相似。

6. hadoop fs –get <src> <localdst>

复制文件到本地文件系统。

示例：

```
[hadoop@hadoop current]$ hadoop fs -get /file ~/file
```

如果复制成功则返回 0，失败则返回-1。

copyToLocal 命令同 get 相似。

7. hadoop fs -rm <path>

删除指定的文件（只删除非空目录和文件）。

示例：

```
[hadoop@hadoop current]$ hadoop fs -rm /file
```

如果需要递归删除非空目录，可使用 rmr 或 rm -r 命令。

### 4.5.2 常用管理命令 dfsadmin

dfsadmin 是一个多任务的工具，可以使用它来获取 HDFS 的状态信息，以及在 HDFS 上执行的一系列管理操作。我们可以执行 hadoop dfsadmin 或 hdfs dfsadmin 命令，使用提示来了解该命令的各个选项。

常用管理命令 dfsadmin

```
[hadoop@hadoop current]$ hadoop dfsadmin
DEPRECATED: Use of this script to execute hdfs command is deprecated.
Instead use the hdfs command for it.
Usage: java DFSAdmin
Note: Administrative commands can only be run as the HDFS superuser.
        [-report]
        [-safemode enter | leave | get | wait]
        [-allowSnapshot <snapshotDir>]
        [-disallowSnapshot <snapshotDir>]
        [-saveNamespace]
        [-rollEdits]
        [-restoreFailedStorage true|false|check]
        [-refreshNodes]
        [-finalizeUpgrade]
        [-metasave filename]
        [-refreshServiceAcl]
        [-refreshUserToGroupsMappings]
        [-refreshSuperUserGroupsConfiguration]
        [-printTopology]
```

```
                [-refreshNamenodes datanodehost:port]
                [-deleteBlockPool datanode-host:port blockpoolId [force]]
                [-setQuota <quota> <dirname>...<dirname>]
                [-clrQuota <dirname>...<dirname>]
                [-setSpaceQuota <quota> <dirname>...<dirname>]
                [-clrSpaceQuota <dirname>...<dirname>]
                [-setBalancerBandwidth <bandwidth in bytes per second>]
                [-fetchImage <local directory>]
                [-help [cmd]]
```

下面介绍几个比较重要的选项。

1. hadoop dfsadmin –report

显示文件系统的统计信息(类似于网页界面上显示的内容),以及所连接的各个 DataNode 的信息,也可以使用 Web 界面来查看相关信息。

2. hdfs dfsadmin –safemode <enter | leave | get | wait>

安全模式命令。当 Hadoop 的 NameNode 启动时,会进入安全模式阶段。在此阶段,DataNode 会向 NameNode 上传它们数据块的列表,让 NameNode 得到块的位置信息,并对每个文件对应的数据块副本进行统计。当最小副本条件满足时,即一定比例的数据块都达到最小副本数,系统就会退出安全模式,而这需要一定的延迟时间。当最小副本条件未达到要求时,就会对副本数不足的数据块安排 DataNode 进行复制,直至达到最小副本数。而在安全模式下,系统会处于只读状态,NameNode 不会处理任何块的复制和删除命令。也就是说在安全模式下只有对元数据的访问操作可以成功返回,其他对操作系统的更改操作,诸如创建、删除等都会失败。最小副本数可以通过参数 dfs.namenode.replication.min 来设置,它的默认值为 1,最小比例阈值可以通过参数 dfs.namenode.safemode.threshold-pct 来设置,它的默认值为 0.999。

安全模式可以通过命令进行设置,具体命令如下:

```
[hadoop@hadoop /]$ hadoop dfsadmin -safemode get
```

查看安全模式状态。

```
[hadoop@hadoop /]$ hadoop dfsadmin -safemode leave
```

强制 NameNode 离开安全模式。

```
[hadoop@hadoop /]$ hadoop dfsadmin -safemode enter
```

进入安全模式。

```
[hadoop@hadoop /]$ hadoop dfsadmin -safemode wait
```

等待,一直到安全模式结束。

3. hadoop dfsadmin –refreshNodes

更新数据节点命令。使用该命令可以在无须重启 NameNode 的情况下,动态刷新 dfs.hosts

和 dfs.hosts.exclude 的配置。使用这个命令可以很方便地在集群中添加或删除一批节点。下面举例说明使用该命令动态添加和删除节点的方法步骤。

（1）示例1：添加节点

第一步，在方便的位置创建文件 dfs.hosts。该文件和所在位置都是非固定的。可以由 dfs.hosts 属性参数指定，因此还需在 hdfs-site.xml 文件中添加该属性，并将 dfs.hosts 文件路径作为参数值赋予该属性。dfs.hosts 文件需将现在所有从节点和要新添加的节点名列入。具体命令如下所示。

```
[hadoop@hadoop /]$ vi dfs.hosts
node1
node2
node3
```

第二步，在 NameNode 上执行以下命令刷新 NameNode。

```
[hadoop@hadoop /]$hadoop dfsadmin -refreshNodes
```

第三步，在新添加的节点上指定以下命令启动从节点。

```
[hadoop@hadoop /]$ hadoop-daemon.sh start datanode
```

第四步，在主节点 NameNode 上修改 slaves 文件，添加新添加的节点名，以便再次重启时新节点仍然可以加入集群。从节点 DataNode 上无须对 slaves 文件进行修改。

第五步，通过 Web 界面或其他方式查看数据节点的添加结果是否正确，并根据情况使用以下命令进行负载均衡的操作。

```
[hadoop@hadoop /]$ start-balancer.sh
```

（2）示例2：删除节点

第一步，在方便的位置创建文件 dfs.hosts.exclude。该文件和所在位置都是非固定的。可以由 dfs.hosts.exclude 属性参数指定，因此还需在 hdfs-site.xml 文件中添加该属性，并将 dfs.hosts.exclude 文件路径作为参数值赋予该属性。在 dfs.hosts. exclude 文件中将要排除的节点名列入。具体命令如下所示。

```
[hadoop@hadoop /]$ vi dfs.hosts.exclude
node3
```

第二步，在 NameNode 上执行以下命令刷新 NameNode，宣告 node3 节点要被停用。

```
[hadoop@hadoop /]$ hadoop dfsadmin-refreshNodes
```

第三步，查看 node3 节点的状态，等待停用节点状态变为 decommissioned 后（停用中状态为 decommission in progress），则删除成功。需要注意的是删除后的节点数若小于副本最小数，则该操作不能成功。

第四步，删除成功后再在停用节点上执行以下命令，停止从节点守护进程。

```
[hadoop@hadoop /]$ hadoop-daemon.sh stop datanode
```

第五步，从 dfs.hosts 文件中删除停用节点，并重新使用 refreshNodes 命令更新 NameNode。

第六步，在 NameNode 的 slaves 文件中删除停用节点，防止重启时再次加载已删除节点，如果数据不均衡可以使用集群均衡的命令进行负载均衡。

## 4.6 搭建开发环境

### 4.6.1 Maven 简介

搭建开发环境

Hadoop 的开发调试环境是一个复杂的编程环境，所以要尽可能地简化构建 Hadoop 项目的过程。Maven 是一个很不错的自动化项目构建工具，通过 Maven 可以帮助开发者从复杂的环境配置中解脱出来，从而标准化开发过程。

Apache Maven 是一个 Java 的项目管理及自动构建工具，由 Apache 软件基金会所提供。基于项目对象模型的概念，Maven 利用一个中央信息片段能管理一个项目的构建、报告和文档等步骤。它曾是 Jakarta 项目的子项目，现在成为一个独立的 Apache 项目。

Maven 的开发者在开发网站上指出，Maven 的目标是要使项目的构建更加容易，它把编译、打包、测试、发布等开发过程中的不同环节有机串联了起来，并产生一致的、高质量的项目信息，使项目成员能够及时得到反馈。Maven 有效地支持了测试优先、持续集成，体现了鼓励沟通、及时反馈的软件开发理念。如果说 Ant 的复用是建立在"复制–粘贴"的基础上的，那么 Maven 就通过插件的机制实现了项目构建逻辑的真正复用。

### 4.6.2 基于 Maven+Eclipse 构建 Hadoop 开发调试环境

我们所用的开发环境可以直接部署在搭载 Hadoop 集群的 Linux 环境下，也可以在 Windows 环境下部署。因为 Windows 桌面环境的应用更加广泛，所以本节基于 Windows 来进行开发环境部署的讲解。在部署开发环境前需要明确以下配置在 Windows 中已安装且版本符合要求。

Eclipse：建议使用最新版本，如果读者对 IntelliJ IDEA 环境更加熟悉，也可以使用 IntelliJ IDEA。

JDK：建议 1.7 以上版本。

接下来逐步进行开发环境的搭建。

（1）在 Eclipse 中新建 Maven 工程，如图 4-10 所示。

（2）勾选 Create a simple project(skip archetype selection)，创建一个简单的项目，跳过原型模板选择步骤，如图 4-11 所示。

（3）输入 Group Id 与 Artifact Id。其中，Group Id 类似于所用的包名，是针对一个项目的唯一识别符。Group Id 一般分为 3 段：第 1 段为域，常见的有 cn（china）、org（组织）、com（商业组织）；第 2 段为组织名，如 inspur（浪潮）、baidu（百度）；第 3 段为项目名，如 hadoop；Artifact Id 为子项目名，如 hadoop-test。

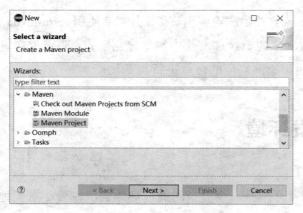

图 4-10 Maven 工程的创建

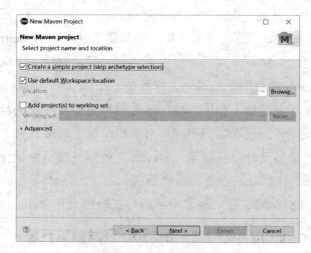

图 4-11 选择简单项目选项

在本案例中,可将 Group Id 定义为 cn.myonly.hadoop,Artifact Id 定义为 hadoop-test,如图 4-12 所示。

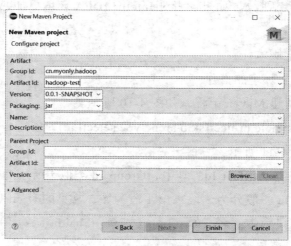

图 4-12 定义 Group Id 和 Artifact Id

（4）项目新建成功，可以在 Eclipse 左侧项目栏中看到新创建的 Maven 项目的结构，如图 4-13 所示。

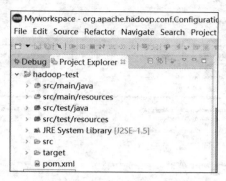

图 4-13　Maven 项目的结构

（5）Maven 项目会用 maven-compiler-plugin 默认的 JDK 版本来进行编译，如果不指定版本就容易出现版本不匹配的问题，导致项目编译不通过，因此需要在 pom.xml 文件中配置 maven-compiler-plugin 插件。

```xml
<!-- 添加项目 JDK 编译插件 -->
<build>
    <plugins>
        <!-- 设置编译版本为 1.8 -->
        <plugin>
            <groupId>org.apache.maven.plugins</groupId>
            <artifactId>maven-compiler-plugin</artifactId>
            <configuration>
                <source>1.8</source>
                <target>1.8</target>
                <encoding>UTF-8</encoding>
            </configuration>
        </plugin>
    </plugins>
</build>
```

同时添加以下依赖。

```xml
<dependency>
    <groupId>jdk.tools</groupId>
    <artifactId>jdk.tools</artifactId>
    <version>1.8</version>
    <scope>system</scope>
    <systemPath>${JAVA_HOME}/lib/tools.jar</systemPath>
</dependency>
```

（6）以上配置结束后只需要在 pom.xml 文件中添加所需依赖包的坐标，Maven 就可以自动下载依赖包。可以通过访问 Maven 仓库来查询依赖包的坐标。例如，在项目中添加 hadoop-common 的依赖，在搜索框中直接输入 hadoop 就可以查询到与 Hadoop 相关的所有依赖，如

图 4-14 所示。

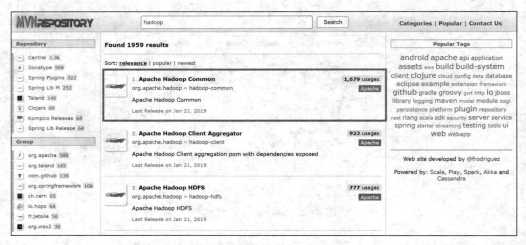

图 4-14　查询 Hadoop 的相关依赖

（7）选择 Apache Hadoop Common 项目，之后选择相应的版本，此处选择 2.7.7 版本，如图 4-15 所示。

| | | | | |
|---|---|---|---|---|
| 2.9.x | 2.9.2 | Central | 59 | Nov, 2018 |
| | 2.9.1 | Central | 50 | Apr, 2018 |
| | 2.9.0 | Central | 65 | Nov, 2017 |
| 2.8.x | 2.8.5 | Central | 53 | Sep, 2018 |
| | 2.8.4 | Central | 47 | May, 2018 |
| | 2.8.3 | Central | 55 | Dec, 2017 |
| | 2.8.2 | Central | 47 | Oct, 2017 |
| | 2.8.1 | Central | 61 | Jun, 2017 |
| | 2.8.0 | Central | 83 | Mar, 2017 |
| 2.7.x | 2.7.7 | Central | 56 | Jul, 2018 |
| | 2.7.6 | Central | 41 | Apr, 2018 |
| | 2.7.5 | Central | 75 | Dec, 2017 |
| | 2.7.4 | Central | 86 | Jul, 2017 |
| | 2.7.3 | Central | 182 | Aug, 2016 |
| | 2.7.2 | Central | 229 | Jan, 2016 |
| | 2.7.1 | Central | 228 | Jun, 2015 |
| | 2.7.0 | Central | 93 | Apr, 2015 |

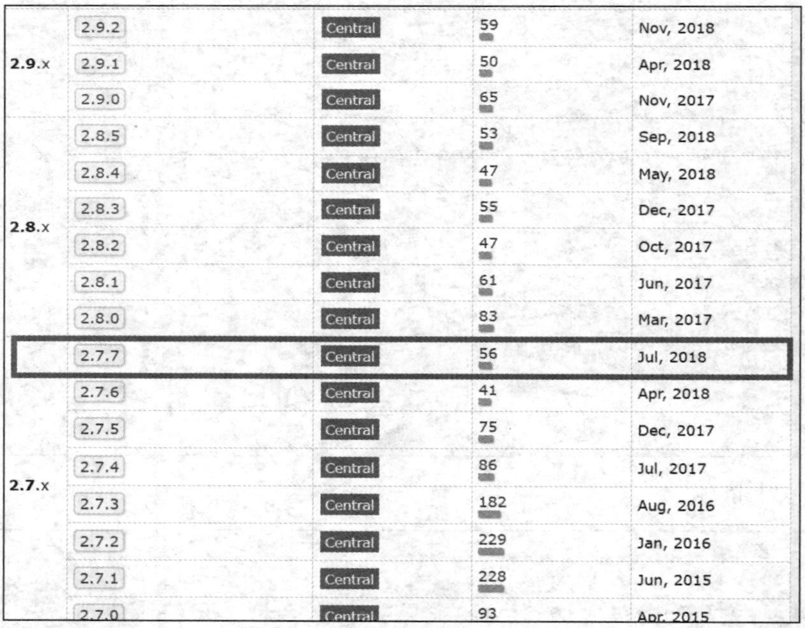

图 4-15　选择 Hadoop Common 版本

（8）在图 4-16 标注的区域可以看到 Hadoop Common 的依赖坐标，将其复制到项目的 pom.xml 文件中即可。

（9）HDFS 操作相关的依赖还需要 Hadoop Client 和 Hadoop HDFS，依赖添加的方法与 Hadoop Common 相同。

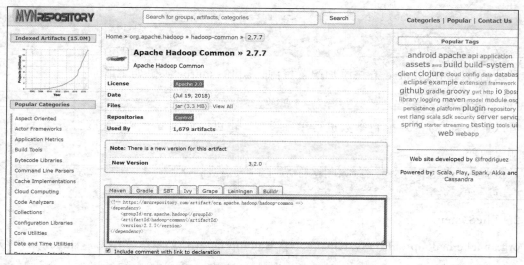

图 4-16 选择 Hadoop Common 依赖坐标

## 4.7 Java API 的应用

### 4.7.1 HDFS 文件系统操作涉及的类

1. Configuration

org.apache.hadoop.conf.Configuration 是一个配置信息类，它包含获取配置信息和加载配置信息等。该类的静态代码块会加载 core-site.xml 配置文件，这个配置文件中有访问 HDFS 所需的参数值等信息。默认构造 configuration 对象实例如下：

HDFS 文件系统操作涉及的类

```
Configuration conf = new Configuration();
```

Hadoop 配置文件的根元素是 configuration，一般只包含子元素 property，一个 property 元素就是一个配置项，配置文件不支持分层或分级。每个配置项一般都包括配置属性的名称 name、值 value 和一个关于配置项的描述 description；元素 final 和 Java 中的关键字 final 类似，意味着这个配置项是"固定不变的"。final 一般不出现，但在合并资源的时候，可以防止配置项的值被覆盖。配置文件示例如下所示。

```xml
<?xml version="1.0"?>
<?xml-stylesheet type="text/xsl" href="configuration.xsl"?>
<configuration>
  <property>
    <name>factor_1</name>
    <value>factor_1_value</value>
    <description> factor_1_description </description>
  </property>
  <property>
    <name>factor_2</name>
    <value>factor_2_value</value>
```

```
        <description> factor_2_description </description>
    </property>
</configuration>
```

可以通过 addResource 方法添加配置资源，addResource 源码如下所示。

```
    public void addResource(String name)
```

可以通过 set 方法对配置参数进行单独设置，也可以通过 get 方法获取配置值，set 和 get 源码如下所示。

```
    public String set(String name, String value)
    public String get(String name, String defaultValue)
```

2. FileSystem

org.apache.hadoop.fs.FileSystem 定义了 Hadoop 的一个文件系统接口。Hadoop 中关于文件操作类基本都在"org.apache.hadoop.fs"包中，这些 API 能够支持的操作包含打开文件、读写文件、删除文件等。该类是一个抽象类，通过以下两种静态工厂方法可以构建 FileSystem 对象实例。

```
    public static FileSystem.get(Configuration conf) throws IOException
    public static FileSystem.get(URI uri, Configuration conf) throws IOException
```

FileSystem 具体实现的方法有以下几种。

（1）新建目录

创建目录的方法是：public static boolean mkdirs(Path f)，示例代码如下所示。

```
    public static void mkdir(String path) throws IOException {
                //读取配置文件
            Configuration conf = new Configuration();
                //获取文件系统
            FileSystem  fs =  FileSystem.get(URI.create("hdfs://master:8020"), conf);

            Path srcPath =  new Path(path);
            //调用 mkdir()创建目录（可以一次性创建）
            boolean flag = fs.mkdirs(srcPath);
            if(flag) {
                    System.out.println("create dir ok!");
            }else {
                    System.out.println("create dir failure");
            }

            //关闭文件系统
            fs.close();
    }
```

（2）删除文件或者目录

删除文件或目录的方法是：public boolean delete(Path f, Boolean recursive)，示例代码如

下所示。

```java
public static void rmdir(String filePath) throws IOException {
    //读取配置文件
    Configuration conf = new Configuration();
    //获取文件系统
    FileSystem fs = FileSystem.get(URI.create("hdfs://master:8020"), conf);
    Path path = new Path(filePath);

    //调用deleteOnExit()
    boolean flag = fs.deleteOnExit(path);
    //   fs.delete(path);
    if(flag) {
            System.out.println("delete ok!");
    }else {
            System.out.println("delete failure");
    }

    //关闭文件系统
    fs.close();
}
```

（3）列出目录下的文件

列出目录下的文件的方法是：public FileStatus[] listStatus(Path[] files)，示例代码如下所示。

```java
public static void listFile(String path) throws IOException{
    //读取配置文件
     Configuration conf = new Configuration();
    //获取文件系统
    FileSystem fs = FileSystem.get(URI.create("hdfs://master:8020"), conf);
    //获取文件或目录状态
    FileStatus[] fileStatus = fs.listStatus(new Path(path));
    //输出文件的路径
    for (FileStatus file : fileStatus) {
            System.out.println(file.getPath());
    }

    //关闭文件系统
    fs.close();
}
```

（4）创建指定文件写入数据

创建指定文件的方法是：public FSDataOutputStream create(Path f)。

create 有多个重载版本，允许指定是否强制覆盖已有的文件、文件备份数量、写入文件缓冲区大小、文件块大小以及文件权限。

该方法的返回类型为 FSDataOutputStream，该类重载了很多 write 方法，用于写入很多类型的数据，如字节数组 long、int、char 等。

```java
    public static void CreateFile (String path) throws IOException{
      Configuration conf=new Configuration();
      FileSystem fs=FileSystem.get(URI.create("hdfs://master:8020"),conf);
      //创建缓冲区
      byte[] buff="hello hadoop world!\n".getBytes();
      //定义写入文件路径
      Path dfs=new Path("/test");
      //创建文件并返回写入流
      FSDataOutputStream outputStream=hdfs.create(dfs);
      //写入缓冲区内容
      outputStream.write(buff,0,buff.length);

    }
```

（5）打开已有文件追加数据

打开已有文件追加数据的方法是：public FSDataOutputStream append(Path f)。

需要注意的是，HDFS 数据存储的底层逻辑决定了数据只能从尾部追加，而不能在其他位置写入数据。追加数据可以使用 append 方法。

（6）打开指定文件读取数据

打开指定文件读取数据的方法是：public FSDataInputStream open(Path f)，示例代码如下所示。

```java
    public static void readFile() throws IOException {
        Configuration conf=new Configuration();
        FileSystem fs=FileSystem.get(URI.create("hdfs://master:8020"),conf);
        byte[] buff=new byte[20];
        // 读的路径
        Path readPath = new Path("/test");
        FSDataInputStream inStream = null;
            // 打开输入流
            inStream = fs.open(readPath);
            instream.read(buff,0,20);
        }
```

（7）判断文件是否存在

判断文件是否存在的方法是：public boolean exists(Path f)，示例代码如下所示。

```java
    public static boolean fileExists(String dirName) throws IOException {
        // 获取 FileSystem
        Configuration conf=new Configuration();
        FileSystem fs=FileSystem.get(URI.create("hdfs://master:8020"),conf);

        return fs.exists(new Path(dirName));
    }
```

（8）IOUtils 工具类

在操作 HDFS 文件输入/输出时经常会用到工具类 IOUtils，该类的所有成员函数都被用来处理输入/输出流，它的确非常利于编写处理此类事务的程序。其中 copyBytes 方法用来连接输入/输出流可以让操作更加便捷。

```
public void putFileToHDFS() throws IllegalArgumentException, IOException{
    // 1.获取输入流
    FileInputStream fis = new FileInputStream(new File("c:/hello.txt"));
    // 2.获取输出流
    FSDataOutputStream fos = fs.create(new Path("/hello.txt"));
    // 3.流的复制
    IOUtils.copyBytes(fis, fos, conf);
    // 4.关闭资源
    IOUtils.closeStream(fis);
    IOUtils.closeStream(fos);
}
```

### 4.7.2 RPC 的原理及应用

Hadoop 的远程过程调用（Remote Procedure Call，RPC）是 Hadoop 的核心通信机制，RPC 主要是通过所有 Hadoop 的组件的元数据交换的，如 MapReduce、Hadoop 分布式文件系统和 Hadoop 的数据库（HBase）。RPC 是一种进程间的通信方式。其作用主要在于三个方面：进程间通信、提供和本地方法调用一样的调用机制、屏蔽程序员对远程调用的细节实现。

RPC 的原理及应用

RPC 具有以下特点。

① 透明性：远程调用其他机器上的程序，对用户来说就像调用本地的方法一样。

② 高性能：RPC Server 能够并发处理多个来自 Client 的请求。

③ 可控性：JDK 中已经提供了一个 RPC 框架 RMI，但是该 RPC 框架过于重量级且可控性较差，所以 Hadoop 实现了自定义的 RPC 框架。

RPC 可分为以下几个部分。

① 序列化层：Client 与 Server 端通信传递的信息采用了 Hadoop 提供的序列化或自定义的 Writable 类型。

② 函数调用层：Hadoop RPC 通过动态代理以及 Java 反射实现函数调用。

③ 网络传输层：Hadoop RPC 采用了基于 TCP/IP 的 Socket 机制。

④ 服务端框架层：RPC Server 利用 Java NIO（New I/O），以及采用了事件驱动的 I/O 模型，提高自己的并发处理能力。

下面介绍一个 RPC 示例。

（1）创建相关业务接口：Bizable。

```
public interface Bizable extends VersionedProtocol{
    public abstract String hello(String name);
}
class Biz implements Bizable{
    public String hello(String name){
```

```
            System.out.println("被调用了");
            return "hello "+name;
    }
    public long getProtocolVersion(String protocol, long clientVersion)
    throws IOException {
    System.out.println("Biz.getProtocalVersion()="+MyServer.VERSION);
        return MyServer.VERSION;
    }
}
```

（2）创建服务器类。

```
public class MyServer {
    public static int PORT = 3242;
    public static long VERSION = 232341;

    public static void main(String[] args) throws IOException {
        Server server = new RPC.Builder(new Configuration())
            .setProtocol(Bizable.class)
            .setInstance(new Biz())
            .setBindAddress("127.0.0.1")
            .setPort(PORT)
            .build();
        server.start();
    }
}
```

（3）创建客户端类。

```
public class MyClient {
    public static void main(String[] args) throws IOException {
        final InetSocketAddress inetSocketAddress = new InetSocketAddress
("127.0.0.1", MyServer.PORT);
        final Bizable proxy = (Bizable) RPC.getProxy(Bizable.class,
MyServer.VERSION, inetSocketAddress, new Configuration());
        final String ret = proxy.hello("world");
        System.out.println(ret);

        RPC.stopProxy(proxy);
    }
}
```

上面的示例在运行时先启动服务端，再运行客户端，用户可以分析查看服务端和客户端的输出信息。

从上面的 RPC 调用中可以看出，在客户端调用业务类的方法是定义在业务类的接口中的。该接口实现了 VersionedProtocal 接口。

下面通过命令行执行 jps 命令，查看输出信息如图 4-17 所示。

通过图 4-17 中 jps 命令可以看到一个 Java 进程 MyServer，该进程正是刚刚运行的 rpc 的服务端类 MyServer。

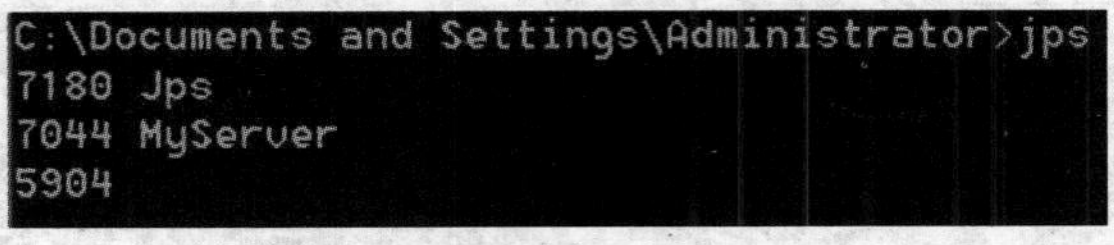

图 4-17　RPC 进程信息

因此，可以联想到搭建 Hadoop 环境时，也执行过该命令来判断 Hadoop 进程是否全部启动。Hadoop 启动时产生的 5 个 Java 进程也应该是 RPC 的服务端。

## 本章小结

本章主要介绍了 HDFS 的架构原理和基本概念，描述了 HDFS 的数据读写流程和元数据管理机制，讲述了使用 Shell 命令控制 HDFS 的方法，以及使用 Java API 控制 HDFS 的方法。

## 习题

一、选择题

1. 数据块的大小由（　　）参数决定。

　　A．dfs.blocksize　　B．fs.replication　　C．fs.defaultFS　　D．dfs.block

2. 创建 HDFS 新目录 "/newdir" 的命令为（　　）。

　　A．hadoop mkdir /newdir　　　　　　B．hadoop fs mkdir /newdir

　　C．hadoop fs –mkdir newdir　　　　　D．hadoop fs –mkdir /newdir

二、简答题

简述 HDFS 的写数据流程。

三、编程题

编写程序完成 HDFS 文件系统根目录下所有文件的列举。

# 第5章 集群资源管理系统YARN

**学习目标**
- 了解 YARN 的产生背景
- 掌握 YARN 在共享集群模式中的应用方法
- 掌握 YARN 的基本架构
- 掌握 YARN 的工作流程
- 了解 YARN 的资源调度器

Apache YARN（Yet Another Resource Negotiator，另一种资源协调者）是 Hadoop 的集群资源管理系统。由于 MRv1（MapReduce version 1）在扩展性、可靠性、资源利用率和多框架等方面存在明显不足，Apache 开始尝试对 MapReduce 进行升级改造，于是诞生了更加先进的 MRv2（MapReduce version 2），MRv2 将资源管理模块构建成了一个独立的通用系统 YARN。本章主要从 YARN 的产生背景、设计思想、工作流程和资源调度等方面对 YARN 框架进行介绍。

## 5.1 YARN 的产生背景

YARN 是在 MRv1 基础上演化而来的，它克服了 MRv1 中的各种局限性。在介绍 YARN 之前，先来了解 MRv1 的局限性。

YARN 的产生背景

MRv1 中，有两类守护进程控制着作业执行过程：一个 JobTracker 及一个或多个 TaskTracker。JobTracker 通过调度 TaskTracker 上运行的任务来协调所有运行在系统上的作业。TaskTracker 在运行任务的同时将运行进度报告发送给 JobTracker，JobTracker 由此记录每项作业任务的整体进度情况。MRv1 的集群架构如图 5-1 所示。

在架构图中可以看出 MRv1 存在一些局限性，具体可以概括为以下几个方面。

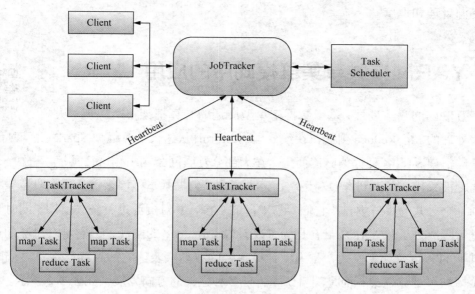

图 5-1　MRv1 集群架构

### 1. 扩展性较差

在 MRv1 中，当节点数达到 4000，任务数达到 40000 时，MRv1 会遇到可扩展性瓶颈，瓶颈源自 JobTracker 必须同时负责集群资源管理和任务协调，这是系统的一个最大瓶颈，严重制约了 Hadoop 集群的扩展性。

### 2. 可靠性差

MRv1 采用了 Master/Slave 架构，Master 节点中的 JobTracker 内存中大量快速变化的复杂状态（如每个任务状态每几秒更新一次）使 JobTracker 服务获得高可用性非常困难，所以 Master 存在单点故障问题，一旦它出现故障将导致整个集群不可用。

### 3. 资源利用率低

MRv1 采用了基于槽位的资源分配模型，槽位（Slot）是一种粗粒度的资源划分单位，通常一个任务不会用完槽位对应的资源，且其他任务也无法使用这些空闲资源。Hadoop 将槽位划分为 map Slot 和 reduce Slot 两种，且不允许它们之间共享，常常会导致一种槽位资源紧张而另外一种闲置（例如一个作业刚刚提交时，只会运行 map Task，此时 reduce Slot 闲置）。

### 4. 无法支持多种计算框架

随着互联网的高速发展，MapReduce 这种基于磁盘的离线计算框架已不能满足用户应用的要求，从而出现了一些新的计算框架，包括内存计算框架、流式计算框架和迭代式计算框架等，而 MRv1 不能支持多种计算框架并存。

为了解决 MRv1 存在的局限性，Apache 的想法是责任解耦，也就是减少单个 JobTracker 的职责，将部分职责委派给 TaskTracker，因为集群中有许多 TaskTracker。在这个时候，新一代的资源管理调度框架 YARN 出现了,它是一个通用的资源管理系统,可以为上层应用提供统一的资源管理和调度。

## 5.2 YARN 在共享集群模式中的应用

YARN 在共享集群模式中的应用

随着互联网的高速发展,基于数据密集型应用的计算框架不断出现,从支持离线处理的 MapReduce 到支持在线处理的 Storm,从迭代计算框架 Spark 到流式处理框架 S4,各种框架应运而生。在大部分互联网公司中,这几种框架可能同时被采用。考虑到资源利用率、运维成本、数据共享等因素,公司一般希望将所有框架部署到一个公共的集群中,让它们共享集群的资源,并对资源进行统一使用,同时可以对各个任务进行隔离。虽然 YARN 最初是为了改善 MapReduce 的实现,但它具有足够的通用性,也支持其他的分布式计算模式,是弹性计算平台的典型代表。它的目标已经不再局限于支持 MapReduce 一种计算框架,而是朝着统一管理多种框架的方向发展,如图 5-2 所示。

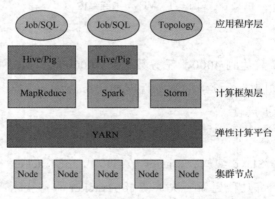

图 5-2 以 YARN 为弹性计算平台的基础架构

以 YARN 为弹性计算平台的基础架构属于多种计算框架共享集群的模式,这种模式存在以下多种好处。

(1) 资源利用率高

如果每个框架一个集群,则往往由于应用程序数量和资源需求的不平衡性,使得在某段时间内,有些计算框架的集群资源紧张,而另外一些集群资源空闲。共享集群模式则通过多种框架共享资源,使得集群中的资源得到更加充分的利用。

(2) 运维成本低

如果采用"一个框架一个集群"的模式,则可能需要多个管理员管理这些集群,进而增加运维成本,而共享模式通常需要少数管理员即可完成多个框架的统一管理。

(3) 数据共享

随着数据量的暴增,跨集群间的数据移动不仅需要花费更长的时间,且硬件成本也会大大增加，而共享集群模式可让多种框架共享数据和硬件资源，将大大减少数据移动带来的成本。

## 5.3 YARN 的设计思想

### 5.3.1 YARN 的基本架构

YARN 是 Hadoop 2.0 中的资源管理系统，它的基本思想是将资源管理和作业调度/监视功能拆分成两个独立的守护程序，一个全局的 ResourceManager（简称 RM）和每个应用程序特有的 ApplicationMaster（简称 AM）。在 YARN 框架中，ResourceManager 负责整个集群的资源管理和分配，而任务协调工作则交给 ApplicationMaster。

YARN 的基本架构

YARN 依然采用 Master/Slave 体系架构，在整个资源管理框架中，ResourceManager 为 Master，NodeManager 为 Slave，ResourceManager 负责对各个 NodeManager 上的资源进行统一管理和调度。当用户提交一个应用程序时，需要提供一个用以跟踪和管理整个程序的 ApplicationMaster，它负责向 ResourceManager 申请资源，并要求 NodeManager 启动可以占用一定资源的任务。由于不同的 ApplicationMaster 被分配至不同的 NodeManager，因此它们之间不会相互影响，YARN 框架体系架构如图 5-3 所示。

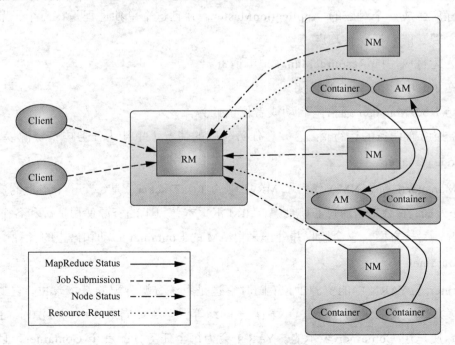

图 5-3 YARN 框架体系架构

**1. ResourceManager**

ResourceManager 是 YARN 的核心组件，它一般分配在 Master 节点上，其主要功能是负责系统资源的管理和分配，它有两个主要组件：Scheduler 和 ApplicationsManager。

（1）Scheduler

Scheduler 是 RM 中的调度器，它根据容量、队列等限制条件，将系统中的资源分配给各种正在运行的应用程序。Scheduler 是纯粹的调度程序，它不负责监视或跟踪应用程序的执行状态，也不负责重新启动由于应用程序故障或硬件故障失败的任务。Scheduler 根据应用程序的资源需求执行调度功能，资源分配单位用抽象概念"资源容器（Resource Container，简称 Container）"表示，Container 对内存、CPU、磁盘、网络等资源进行分组，从而限定每个任务需要的资源量。

Scheduler 具有可插拔策略，该策略负责在各种队列、应用程序之间分配集群资源，YARN 提供了多种直接可用的调度器，如 Capacity Scheduler 和 Fair Scheduler 等。

（2）ApplicationsManager

ApplicationsManager 负责管理整个系统中的所有应用程序，包括应用程序提交、与调度器协商资源以启动 ApplicationMaster、监控 ApplicationMaster 运行状态并在失败时重新启动它等。

2. ApplicationMaster

ApplicationMaster 代替了 MRv1 中的 JobTracker，每当用户提交一个应用程序，就会为这个应用程序生成一个对应的 ApplicationMaster，并且这个单独进程是在一个子节点上运行的，它的主要功能包括以下几点。

（1）为运行应用向 ResourceManager 申请资源。

（2）在 Job 中对 Task 实现调度。

（3）与 NodeManager 通信以启动或者停止任务。

（4）监控所有任务的运行情况，并在任务失败的情况下重新为任务申请资源以重启任务。

3. NodeManager

NodeManager（简称 NM）代替了 MRv1 中的 TaskTracker，是每个子节点上的资源和任务管理器。一方面，它会定向通过心跳信息向 RM 汇报本节点上的资源使用情况和各个 Container 的运行情况；另一方面，它会接收并处理来自 AM 的 Container 启动和停止的各种请求。

4. Container

Container 是 YARN 中的资源抽象，同时它也是系统资源分配的基本单位，它封装了某个节点上的多维度资源，如内存、CPU、磁盘、网络等，当 AM 向 RM 申请资源时，RM 为 AM 返回的资源便是用 Container 表示的。YARN 会为每个任务分配一个 Container，且该任务只能使用该 Container 中描述的资源。需要注意的是，Container 不同于 MRv1 中的 Slot，它是一个动态资源划分单位，是根据应用程序的需求动态生成的，换句话说，Container 里所描述的 CPU、内存等资源是根据实际应用程序的需求而变化的。

## 5.3.2 ResourceManager HA

前面介绍过 ResourceManager 是负责整个系统资源的管理和分配的核心组件，如果 ResourceManager 节点因故障停止运行，则整个集群资源管理会处于瘫痪状态。在 Hadoop 2.4 版本之前，YARN 集群存在单点故障，为了消除单点故障，需要配置 ResourceManage HA。

Resource-Manager HA

### 1. ResourceManage HA 架构

ResourceManage 的高可用性基于 ZooKeeper，并且是以 "Active/Standby" 的形式实现的。ResourceManage HA 的架构如图 5-4 所示。

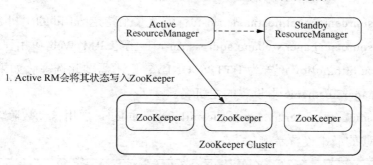

图 5-4　ResouceManage HA 架构

### 2. RM 故障转移

ResourceManager HA 通过 Active/Standby 体系结构实现，在任何时间，都会有一个 RM 处于活动状态，并且一个或多个 RM 处于 Standby 状态，等待 Active RM 发生故障，触发故障转移，故障转移可以通过自动或手动完成。

（1）自动故障转移

RM 可以选择嵌入基于 ZooKeeper 的 ActiveStandbyElector，以确定哪个 RM 应该是 Active。当 Active 发生故障或无响应时，另一个 RM 被自动选为 Active。需要注意的是，嵌入在 RM 中的 ActiveStandbyElector 会充当故障检测器和领导选举人角色，而不像 HDFS 一样需要启动单独的 ZKFC 守护进程。

（2）手动故障转移

如果未启用自动故障转移，则管理员必须手动将其中一个 RM 转换为 Active。要从一个 RM 到另一个 RM 进行故障转移，它们应该先将 Active RM 转换为 Standby，然后将 Standby RM 转换为 Active。手动故障转移可以使用 "yarn rmadmin" 完成。

### 3. RM 故障转移配置

在集群中如果有多个 RM，客户端和节点使用的配置（yarn-site.xml）会列出所有的 RM。Client、ApplicationMaster 和 NodeManager 会以循环方式连接 RM，直到连接到 Active RM。

如果 Active RM 服务器出现故障，它们将继续轮询，直到连接新的 Active RM 服务器。如果想修改这种寻找 RM 的机制，可以继承类 org.apache.hadoop.yarn.client.RMFailoverProxy-Provider，实现自己的逻辑。然后把类的名字配置到 yarn-site.xml 的配置项 yarn.client.failover-proxy-provider 中。

大多数故障转移功能都可以使用各种配置属性进行调整，主要的属性列表如下。

（1）hadoop.zk.address：ZooKeeper 仲裁的地址，用于状态存储和领导选举。

（2）yarn.resourcemanager.ha.enabled：启用 RM HA。

（3）yarn.resourcemanager.ha.rm-ids：配置 RM 的逻辑 ID 列表，如 "rm1，rm2"。

（4）yarn.resourcemanager.cluster-id：标识集群，确保 RM 不会作为另一个集群的 Active RM。

（5）yarn.resourcemanager.hostname.rm-id：配置某个特定 rm-id 的主机名称。

（6）yarn.resourcemanager.webapp.address.rm-id：指定 RM Web 应用程序对应的 host 为 port。如果将 yarn.http.policy 设置为 HTTPS_ONLY，则不需要此选项。如果设置了，将覆盖 yarn.resourcemanager.hostname 中设置的主机名。

（7）yarn.resourcemanager.ha.automatic-failover.enabled：启用自动故障转移。

RM 故障转移的最小设置示例如下。

```xml
<property>
  <name> yarn.resourcemanager.ha.enabled </ name>
  <value> true </ value>
</ property>
<property>
  <name> yarn.resourcemanager.cluster-id </ name>
  <value> cluster1 </ value>
</ property>
<property>
  <name> yarn.resourcemanager.ha.rm-ids </ name>
  <value> rm1, rm2 </ value>
</ property>
<property>
  <name> yarn.resourcemanager .hostname.rm1 </ name>
  <value> master1 </ value>
</ property>
<property>
  <name> yarn.resourcemanager.hostname.rm2 </ name>
  <value> master2 </ value>
</ property>
<property>
  <name> yarn.resourcemanager.webapp.address.rm1 </ name>
  <value> master1: 8088 </ value>
</ property>
<property>
  <name> yarn.resourcemanager.webapp.address.rm2 </ name>
```

```
      <value> master2: 8088 </ value>
  </ property>
  <property>
    <name> hadoop.zk.address </ name>
    <value> zk1: 2181,zk2: 2181,zk3: 2181 </ value>
  </ property>
```

## 5.4 YARN 的工作流程

当用户向 YARN 中提交一个应用程序后，YARN 将分为两个阶段运行该应用程序：第一个阶段是启动 ApplicationMaster；第二个阶段是由 ApplicationMaster 创建应用程序，为它申请资源，并监控它的整个运行过程，直到运行完成。YARN 的主要工作流程如图 5-5 所示。

YARN 的工作流程

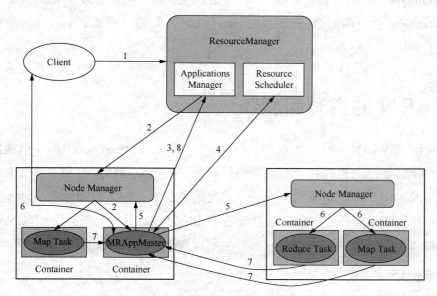

图 5-5　YARN 工作流程图

YARN 的主要工作流程说明如下。

（1）步骤 1：用户编写客户端应用程序，向 YARN 中提交应用程序，其中包括 ApplicationMaster 程序、启动 ApplicationMaster 的命令、用户程序等。

（2）步骤 2：ResourceManager 接到客户端应用程序的请求，会为该应用程序分配一个 Container，同时 ResourceManager 的 ApplicationManager 会与该容器所在的 NodeManager 通信，要求它在这个 Container 中启动一个 ApplicationMaster。

（3）步骤 3：ApplicationMaster 被创建后首先向 ResourceManager 注册，这样用户可以直接通过 ResourceManager 查看应用程序的运行状态，然后它将为各个任务申请资源，并监控它的运行状态，直到运行结束，即重复步骤 4～步骤 7。

（4）步骤4：ApplicationMaster采用轮询的方式，通过RPC协议向ResourceManager申请和领取资源。

（5）步骤5：一旦ApplicationMaster申请到资源，就会与该容器所在的NodeManager通信，要求它启动任务。

（6）步骤6：NodeManager为任务设置好运行环境（包括环境变量、JAR包、二进制程序等）后，将任务启动命令写到一个脚本中，最后通过在容器中运行该脚本来启动任务。

（7）步骤7：各个任务通过某个RPC协议向ApplicationMaster汇报自己的状态和进度，从而让ApplicationMaster随时掌握各个任务的运行状态，以便可以在任务失败时重新启动任务。在应用程序运行过程中，用户可随时通过RPC向ApplicationMaster查询应用程序的当前运行状态。

（8）步骤8：应用程序运行完成后，ApplicationMaster向ResourceManager中的ApplicationManager注销并关闭。若ApplicationMaster因故失败，ResourceManager中ApplicationManager会监测到ApplicationMaster失败，并将其重新启动，直到所有的任务执行完毕。

## 5.5 YARN的资源调度器

资源调度器是YARN中核心的组件之一，它是ResourceManager中的一个插拔式服务组件，负责整个集群资源的管理和分配。理想情况下，YARN应用发出的资源请求应该立刻给予满足，然而现实中资源是有限的，在一个繁忙的集群上，一个应用经常需要等待才能得到所需的资源。调度通常是一个难题，并且没有一个所谓"最好的"策略，所以YARN提供了多种调度器和可配置策略供用户选择，本节主要讲解YARN提供的资源调度器。

### 5.5.1 调度选项

Hadoop最初是为批处理作业而设计的，当时MRv1仅采用了一个简单的FIFO调度机制分配任务。但随着Hadoop的普及，单个Hadoop集群中的用户量和应用程序种类不断增加，适用于批处理场景的FIFO调度机制不能很好地利用集群资源，也不能满足不同应用程序的服务质量要求，YARN在MRv1的基础上对资源调取器进行了扩展，使之支持多个用户。目前YARN提供了三种可用资源调度器：FIFO Scheduler（FIFO调度器）、Capacity Scheduler（容量调度器）和Fair Scheduler（公平调度器），此外，用户还可以按照接口规范编写一个新的资源调度器，并通过简单配置使它运行起来。

调度选项

### 5.5.2 FIFO Scheduler

FIFO即First In First Out，它遵循"先进先出"的原则。FIFO Scheduler将应用放置在

一个队列中，然后按照提交的顺序运行应用。首先为队列中第一个应用的请求分配资源，第一个应用的请求被满足后再依次为队列中的下一个应用服务，如图 5-6 所示。

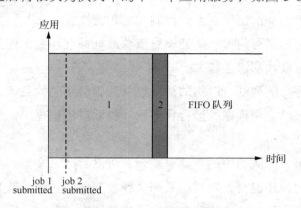

图 5-6　FIFO 调取器示例

FIFO 调度器的优点：简单易懂，不需要任何配置，但是不适合共享集群。大的应用会占用集群中的所有资源，所以每个应用必须等待直到轮到自己运行，从图 5-6 中可以看到，在集群中首先提交了一个很大的 job1，并且它占据了全部的资源，而 job2 提交时发现没有资源了，则 job2 必须等待 job1 执行结束，才能获得资源运行，这对于大型集群来说显然是十分不利的，这时需要考虑 Capacity Scheduler 或 Fair Scheduler。

## 5.5.3　Capacity Scheduler

### 1. Capacity Scheduler 简介

Capacity Scheduler 是 Hadoop 的可插拔调度程序，它允许多用户安全地共享大型集群。Capacity Scheduler 以队列为单位划分资源，每个队列可设定一定比例的资源最低保证和使用上限，同时，每个用户也可设定一定的资源使用上限以防止资源滥用。而当一个队列的资源有剩余时，可暂时将剩余资源共享给其他队列，如图 5-7 所示。

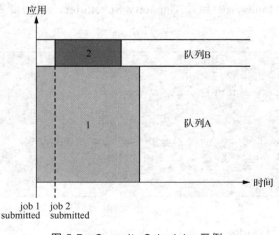

图 5-7　Capacity Scheduler 示例

Capacity Scheduler 支持以下功能。

（1）分层队列：支持队列分层结构，以确保在允许其他队列使用空闲资源之前，在组织的子队列之间共享资源，从而提供更多的控制和可预测性。

（2）容量保证：管理员可为每个队列设置资源最低保证和资源使用上限，而所有提交到该队列的应用程序都可以共享这些资源。

（3）安全保证：每个队列都有严格的访问控制列表规定它的访问用户，每个用户都可指定允许哪些用户查看自己应用程序的运行状态或者控制应用程序。此外，管理员可以指定队列管理员和集群系统管理员。

（4）灵活性：如果一个队列中的资源有剩余，可以暂时共享给那些需要资源的队列，而一旦该队列有新的应用程序提交，则其他队列会释放资源归还给该队列。

（5）多租户：支持多用户共享集群和多应用程序同时运行。为防止单个应用程序、用户或者队列独占集群中的资源，管理员可为之增加多重约束。

（6）动态更新配置文件：管理员可以在运行时以安全的方式更改队列定义和属性（如容量、访问控制列表），最大限度地减少对用户的干扰，以实现在线集群管理。此外，还可以为用户和管理员提供了一个控制台，以查看系统中各种队列的资源分配情况。管理员可以在运行时添加其他队列，可以在运行时停止队列，也可以启动已停止的队列。

（7）基于资源的调度：支持资源密集型应用程序，其中应用程序可以选择指定比默认值更高的资源需求，从而适应具有不同资源要求的应用程序。

（8）基于默认或用户定义的放置规则的队列映射界面：允许用户基于某些默认放置规则将作业映射到特定队列，例如，用户可以定义自己的放置规则。

（9）绝对资源配置：管理员可以为队列指定绝对资源，而不必提供基于百分比的值，这为管理员提供了更好的控制。

2. 启用 Capacity Scheduler

如果要在 ResourceManager 中启用 Capacity Scheduler，则需要在 conf/yarn-site.xml 中添加如下属性。

```
<property>
  <name>
      yarn.resourcemanager.scheduler.class
  </name>
  <value>
      org.apache.hadoop.yarn.server.resourcemanager.scheduler.capacity.
      CapacityScheduler
  </value>
</property>
```

3. 队列配置

Capacity Scheduler 有自己的配置文件，可以配置队列资源限制、用户资源限制、用户应用程序数目限制等属性，还可以让多用户更好地共享一个 Hadoop 集群，该配置即存放在 conf 目录下的 capacity-scheduler.xml 中。

Capacity Scheduler 有一个预定义的队列 root，系统中所有的队列都是 root 队列的子队列。用户可以通过配置 yarn.scheduler.capacity.root.queues，并使用逗号分隔的子队列列表来设置其他队列。一个配置文件实例如下，在该配置中包括 a、b、c 三个顶级子队列，a 队列下又有 a1、a2 两个子队列，b 队列下有 b1、b2 和 b3 三个子队列。

```xml
<property>
  <name>yarn.scheduler.capacity.root.queues</name>
  <value>a,b,c</value>
  <description>The queues at the this level (root is the root queue).
  </description>
</property>
<property>
  <name>yarn.scheduler.capacity.root.a.queues</name>
  <value>a1,a2</value>
  <description>The queues at the this level (root is the root queue).
  </description>
</property>
<property>
  <name>yarn.scheduler.capacity.root.b.queues</name>
  <value>b1,b2,b3</value>
  <description>The queues at the this level (root is the root queue).
  </description>
</property>
```

除了配置队列层次和容量，还有些设置用来控制单个用户或应用能被分配到的最大资源数量、同时运行的应用数量及队列的访问控制列表认证等。

### 5.5.4 Fair Scheduler

**1. Fair Scheduler 简介**

Fair Scheduler

Fair Scheduler 也是 Hadoop 的可插入调度程序，它允许 YARN 应用程序公平地共享大型集群中的资源。默认情况下，Fair Scheduler 仅基于内存，也可以配置为基于内存和 CPU 进行调度。当集群中只有一个应用程序时，它独占集群资源，当有新的应用程序提交时，会将释放的资源分配给新应用程序，这样每个应用程序最终都将会获得大致相同数量的资源，这可以让短时间作业在合理的时间内完成，而不必一直等待长时间作业的完成，如图 5-8 所示。另外，公平共享也可以与应用程序优先级一起使用（优先级用作权重），以确定每个应用程序应获得的总资源的比例。

在图 5-8 中，首先将大任务 job1 提交到集群中，它将占用集群的全部资源。之后提交的小任务 job2 执行时，将获得系统一半的资源。需要注意的是，job2 提交之后并不能马上被分配到集群一半的资源，必须等待 job1 释放资源。因此，在 Fair Scheduler 中每个 job 可以公平地使用系统的资源。当 job2 执行完毕，并且集群中没有其他的 job 加入时，job1 又可以获得全部的资源继续执行了。

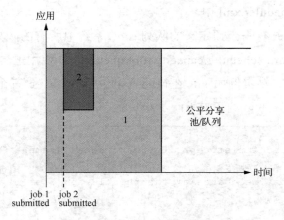

图 5-8　Fair Scheduler 示例 1

Fair Scheduler 与 Capacity Scheduler 类似，将应用程序组织到队列中，并在这些队列之间公平地共享资源。默认情况下，所有用户共享一个名为"default"的队列，也可以通过配置根据请求中包含的用户名分配队列。在每个队列中，使用调度策略在运行的应用程序之间共享资源。队列可以按层次结构排列以划分资源，并可以配置权重以按特定比例共享集群，如图 5-9 所示。

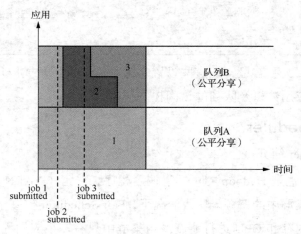

图 5-9　Fair Scheduler 示例 2

在图 5-9 中有两个用户 A 和 B，A 提交 job1 时集群内没有正在运行的应用程序,因此 job1 独占集群中的资源。用户 B 的 job2 提交时，job2 在 job1 释放一半的资源之后，开始执行。job2 还没执行完的时候，用户 B 提交了 job3，job2 释放它占用的一半资源之后，job3 获得资源开始执行。

Fair Scheduler 除提供公平共享外，还允许每个队列可设定一定比例的资源最低保证和使用上限，同时，每个用户也可设定一定的资源使用上限以防止资源滥用，以确保某些用户、组或运行的应用程序始终获得足够的资源。当一个队列的资源有剩余时，可暂时将剩余资源共享给其他队列。

### 2. 启用 Fair Scheduler

大部分 Hadoop 分布式项目默认使用 Capacity Scheduler（CDH 等一些项目默认使用 Fair Scheduler）的，如果要使用 Fair Scheduler，则需要在 conf/yarn-site.xml 中添加如下属性。

```
<property>
  <name>
      yarn.resourcemanager.scheduler.class
  </name>
  <value>
      org.apache.hadoop.yarn.server.resourcemanager.scheduler.fair.FairScheduler
  </value>
</property>
```

### 3. 队列设置

Fair Scheduler 支持分层队列，所有队列都从 root 队列中派生，可用资源以典型的公平调度方式在 root 队列的子队列之间分配，然后子队列以相同的方式将它们的资源分配给它们的子队列。

为了防止队列名称冲突和便于识别队列，YARN 采用了自顶向下的路径命名队列，其中，父队列与子队列名称采用"."进行拼接。例如，root 队列下名为"queue1"的队列将被称为"root.queue1"，而在名为"parent1"的队列下的名为"queue2"的队列将被称为"root.parent1.queue2"。

Fair Scheduler 的配置选项包括两部分：一部分在 yarn-site.xml 中，主要用于配置调度器级别的参数；另一部分在一个自定义的配置文件（默认是 fair-scheduler.xml）中，主要用于配置各个队列的资源量、权重等信息。

（1）yarn-site.xml 中的属性

① yarn.scheduler.fair.allocation.file：自定义 XML 配置文件所在的位置，该文件主要用于描述各个队列的属性。

② yarn.scheduler.fair.user-as-default-queue：当应用程序未指定队列名时，是否指定用户名作为应用程序所在的队列名。如果设置为 false 或者未设置，则所有未知队列的应用程序将提交到 default 队列中。默认值为 true。

③ yarn.scheduler.fair.preemption：是否启用抢占机制。默认值为 false。

④ yarn.scheduler.fair.preemption.cluster-utilization-threshold：抢占开始后的利用率阈值，默认值为 0.8f。

⑤ yarn.scheduler.fair.sizebasedweight：在一个队列内部分配资源时，默认情况下会采用公平轮询的方法将资源分配给每一个应用程序，而该参数提供了另一种资源分配方式，即按照应用程序资源的需求数目分配资源，需求资源数量越多，则分配的资源就越多。默认值为 false。

⑥ yarn.scheduler.fair.assignmultiple：是否启动批处理分配功能。当一个节点出现大量资

源时，可以一次分配完成，也可以多次分配完成。默认值为 false。

⑦ yarn.scheduler.fair.dynamic.max.assign：如果开启批量分配功能，则可以指定一次分配的容器数量。默认值为-1，表示不限制。

⑧ yarn.scheduler.fair.locality.threshold.node：当应用程序请求某个节点上的资源时，它可以接受的可跳过的最大资源调度机会。默认值为-1.0，表示不跳过任何调度机会。

⑨ yarn.scheduler.fair.locality.threshold.rack：当应用程序请求某个机架上的资源时，它可以接受的可跳过的最大资源调度机会。默认值为-1.0，表示不跳过任何调度机会。

⑩ yarn.scheduler.fair.update-interval-ms：调度器锁定并重新计算公平份额、重新计算需求并检查是否有任何要抢占的时间间隔。默认值为 500ms。

⑪ yarn.resource-types.memory-mb.increment-allocation：调度器以该值的增量授予内存。如果提交的任务的资源请求不是 memory-mb.increment-allocation 的倍数，则请求将四舍五入到最接近的增量。默认值为 1024 MB。

⑫ yarn.resource-types.vcores.increment-allocation：调度器以该值的增量授予 vcores。如果提交的任务的资源请求不是 vcores.increment-allocation 的倍数，则该请求将被四舍五入到最接近的增量。默认值为 1。

⑬ yarn.scheduler.increment-allocation-mb：内存规整化单位。默认值是 1024，这意味着如果一个容器请求的资源是 1.5GB，则将被调度器规整化为 2GB（ceiling(1.5GB/1GB)*1GB）。

⑭ yarn.scheduler.increment-allocation-vcores：虚拟化 CPU 规整化单位，默认值是 1。

（2）自定义配置文件

Fair Scheduler 允许用户将队列信息专门放到一个配置文件中，配置文件必须为 XML 格式，默认为 fair-scheduler.xml。在自定义配置文件中可以配置以下元素。

① Queue 元素：队列元素可以采用可选属性 type，将其设置为 parent 使其成为父队列。当要创建父队列而不配置任何子队列时，这很有用。每个队列元素都可能包含以下属性。

- minResources：队列有权使用的最少资源。
- maxResources：可以分配队列的最大资源。
- maxContainerAllocation：队列可以为单个容器分配的最大资源。如果未设置该属性，则其值将从父队列继承。默认值为 yarn.scheduler.maximum-allocation-mb 和 yarn.scheduler.maximum-allocation-vcores。
- maxChildResources：可以分配临时子队列的最大资源。
- maxRunningApps：限制队列中一次运行的应用程序数量。
- weight：与其他队列不成比例地共享集群。权重默认为 1，权重为 2 的队列所接收的资源大约是权重为默认队列的两倍。
- schedulePolicy：设置任何队列的调度策略。允许的值为 fifo、fair、drf。默认值为 fair。
- aclSubmitApps：可以将应用程序提交到队列的用户或组的列表。

- aclAdministerApps：可以管理队列的用户或组的列表。
- allowPreemptionFrom：确定是否允许调度程序从队列中抢占资源。默认值为 true。如果队列的此属性设置为 false，则此属性将递归应用于所有子队列。
- reservation：表示该 ReservationSystem 队列的资源可供用户预留。

② User 元素：用于控制单个用户行为的设置。它包含一个属性 maxRunningApps，可用来设置正在运行的应用程序数量的限制。

③ userMaxAppsDefault 元素：可以为未指定限制的所有用户设置默认的运行应用程序限制。

④ queueMaxAppsDefault 元素：设置队列的默认运行应用程序限制；在每个队列中都会被 maxRunningApps 元素覆盖。

⑤ queueMaxResourcesDefault 元素：设置队列的默认最大资源限制；在每个队列中都会被 maxResources 元素覆盖。

⑥ queueMaxAMShareDefault 元素：设置队列的默认 AM 资源限制。在每个队列中都会被 maxAMShare 元素覆盖。

⑦ queuePlacementPolicy 元素：包含一个规则元素列表，这些规则元素告诉调度程序如何将传入的应用程序放入队列中。主要有以下有效规则。

- specified（指定）：将应用放入请求的队列中。如果应用程序没有请求队列，即指定了 default。如果应用程序请求的队列名称以"."开头或结尾，则会被拒绝。
- user：应用程序提交用户的名称放置在队列中。
- primaryGroup：将应用程序放入一个队列中，该队列中包含提交该应用程序的用户的主要组的名称。
- secondaryGroupExistingQueue：将应用程序放入一个队列中，队列名称与提交应用程序的用户名称的第二组匹配。
- nestedUserQueue：将应用程序放入用户队列中，并将用户名放在嵌套规则建议的队列下。
- default：将应用程序放入默认规则的 queue 属性的指定队列中。如果未指定 queue 属性，则将应用程序放置在 root.default 队列中。
- reject：该应用程序被拒绝。

一个配置文件实例如下，在该配置文件中配置了 queueA、queueB 和 queueC 三个队列。其中，queueB 和 queueC 是 queueA 的子队列，且规定普通用户最多可同时运行 5 个应用程序，但用户 userA 最多可运行 30 个应用程序。

```xml
<?xml version="1.0"?>
<allocations>
  <queue name="queueA">
    <minResources>10000 mb,0 vcores</minResources>
    <maxResources>90000 mb,0 vcores</maxResources>
    <maxRunningApps>50</maxRunningApps>
```

```xml
            <maxAMShare>0.1</maxAMShare>
            <weight>2.0</weight>
            <schedulingPolicy>fair</schedulingPolicy>
            <queue name="queueB">
                <aclSubmitApps>charlie</aclSubmitApps>
                <minResources>5000 mb,0vcores</minResources>
            </queue>
            <queue name="queueC">
                <reservation></reservation>
            </queue>
        </queue>
    <queueMaxAMShareDefault>0.5</queueMaxAMShareDefault>
    <queueMaxResourcesDefault>
        40000 mb,0vcores
    </queueMaxResourcesDefault>
    <user name="userA">
        <maxRunningApps>30</maxRunningApps>
    </user>
    <userMaxAppsDefault>5</userMaxAppsDefault>
</allocations>
```

## 本章小结

本章主要介绍了 Hadoop 集群中的资源管理系统 YARN。首先对 YARN 做了简单的介绍，让读者对 YARN 有一个基本的了解，接下来介绍了 YARN 的产生背景、YARN 在共享集群模式中的应用、YARN 的基本架构以及 YARN 的工作流程，最后还对 YARN 的调度器进行了介绍。通过本章的学习，读者应该了解 YARN 的产生背景以及 YARN 与 MRv1 的不同点，掌握 YARN 的基本架构和工作流程，并对 YARN 的调度策略有一定的理解。

## 习题

一、填空题

1. YARN 提供的调度器策略有_____、_____和_____。
2. YARN 采用的体系架构是主从结构，其中主节点是_____，从节点是_____。
3. ResourceManager 的两个重要组件是_____和_____。
4. 在 NodeManager 中封装内存、CPU、磁盘、网络等资源的是_____。

二、简答题

1. 简述共享集群模式的优点。
2. 简述 ApplicationMaster 的主要作用。
3. 简述 YARN 的工作流程。

# 第6章 分布式计算框架 MapReduce

**学习目标**

- 了解 MapReduce 的处理过程
- 掌握 MapReduce 基本的编写方法，并能使用其进行简单的数据分析
- 了解 MapReduce 的 shuffle 过程
- 了解 YARN 对 MapReduce 的资源分配过程，理解 Application Master 的作用
- 了解 Combiner、Partitioner 的作用，并掌握其编写方法
- 了解 InputFormat、OutputFormat、RecordReader、RecordWriter 的作用

MapReduce 是一种编程模型，它极大地方便了编程人员，使他们在不会分布式编程的情况下，可以将自己的程序运行在分布式系统上。下面进行详细讲解。

## 6.1 MapReduce 概述

MapReduce 是一种可用于数据处理的编程模型。该模型比较简单，我们可以将一个作业划分为 map 和 reduce 两个阶段：map 阶段主要是对大量的数据进行拆分，并进行并行处理（体现了"分而治之"的思想），此阶段处理的结果有可能是最终结果，如果不是最终结果，则再转入 reduce 阶段；reduce 阶段的作用是将 map 的输出进行整合汇总，两个阶段互相配合，以可靠、容错的方式在集群上并行处理大量数据（TB 级别的数据集）。

## 6.2　map 和 reduce 的处理过程

### 6.2.1　处理过程概述

处理过程概述

在 map 阶段，系统会将数据拆分成若干个"分片"（split），我们这里所说的"分片"只是逻辑上的切分，并非真正物理上的切分，每个分片的大小默认就是一个块的大小。例如，假设初始设定一个块的大小为 128MB，如果有两个文件，一个 50MB，另一个 150MB，则一共会被划分成 3 个分片，50MB 的划分成一个，150MB 划分成两个，分别是 128MB 和 22MB。

分片完成后，再将这些"分片"数据以键-值方式传递给 map 进行处理。map 和 reduce 都以键-值形式作为输入和输出。作为 map 端的输入，默认情况下，键是字符的位移，值是当前行的数据；此键-值对会作为参数被陆续传递给 map 端的处理程序，直到数据全部传递完成。此 map 处理程序指的是 org.apache.hadoop.mapreduce.Mapper 类的 map 方法，此方法未做任何实现，用户可以继承此类并重写 map 方法以实现自己的逻辑。map 方法的输出同样也必须是键-值的形式。MapReduce 的执行过程如图 6-1 所示。

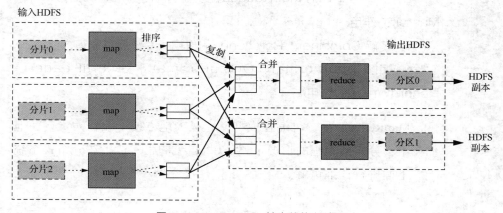

图 6-1　MapReduce 基本的执行流程

map 方法产生输出时，并不是简单地将其写入磁盘，而是要经过分区和排序的过程（其实不单只有分区和排序，map 输出的过程相对较复杂，我们将会在 6.2.3 节中介绍）。分区是指按照一定的规则对数据的键部分做分区。此操作有点类似 SQL 中的 group by 语句，不同之处则在于，默认的分区规则是取键的 hash（散列）值与 reduce 数量的余数，org.apache.hadoop.mapreduce. lib.partition.HashPartitioner 类中定义了此分区规则，具体代码如下。

```
public int getPartition(K2 key, V2 value, int numReduceTasks) {
    return (key.hashCode() & Integer.MAX_VALUE) % numReduceTasks;
}
```

用户可以通过继承 org.apache.hadoop.mapreduce.Partitioner 类来实现自己的分区逻辑。除了分区，还会依据键部分进行排序，最终形成一个文件写入本地磁盘（需要注意的是，基于效率的考虑，写入的是本地磁盘而不是 HDFS）。map 任务的数量是由分片数量决定的，由于数据分片很可能分布在多个节点，因此 map 生成的文件也会存在于多个节点上。

现在转入 reduce 端的处理，reduce 端会通过多个复制线程去"拉取"不同 map 节点输出的数据文件，并对这些数据文件进行排序和合并，合并之后的文件被传入 reduce 方法中。reduce 方法来自 org.apache.hadoop.mapreduce.Reducer 类，可以通过继承此类并实现其 reduce 方法来实现自己的业务逻辑。reduce 方法执行后，数据将被输出到文件系统，通常是 HDFS。

接下来通过一个示例程序来加深我们对 Mapreduce 执行过程的认识。

## 6.2.2 MapReduce 入门案例

在 HADOOP_HOME/share/hadoop/mapreduce 下的 hadoop-mapreduce-examples-x.x.x.jar 是 Hadoop 官方提供的一些 MapReduce 示例程序，此处以 wordcount 为例。wordcount 是一个统计任意数量的文档中单词个数的示例程序，在 HADOOP_HOME/share/hadoop/mapreduce/ sources 下的 hadoop-mapreduce-examples-x.x.x-sources.jar 中提供了其源代码实现。通过其源代码可以看到，一个 Mapreduce 程序通常由三部分组成，一个是需要继承 org.apache.hadoop. mapreduce.Mapper，并实现其 map 方法的 Mapper 类。另一个是需要继承 org.apache.hadoop. mapreduce.Reducer，并实现其 reduce 方法的 Reducer 类，在此示例程序中，分别是 TokenizerMapper 和 IntSumReducer 两个类。除此之外，还需要对 MapReduce 程序运行所需的一些相关参数进行配置。先来看 TokenizerMapper 类，如图 6-2 所示。

MapReduce
入门案例

```
public static class TokenizerMapper
    extends Mapper<Object, Text, Text, IntWritable>{

  private final static IntWritable one = new IntWritable(1);
  private Text word = new Text();

  public void map(Object key, Text value, Context context
                  ) throws IOException, InterruptedException {
    StringTokenizer itr = new StringTokenizer(value.toString());
    while (itr.hasMoreTokens()) {
      word.set(itr.nextToken());
      context.write(word, one);
    }
  }
}
```

图 6-2 TokenizerMapper 类

此类中首先指出了 TokenizerMapper 与 Mapper 类的继承关系，Mapper 类是一个泛型类，后面给出了几个泛型参数，数据分片后，系统会以键-值的形式将每一行数据传递给 Mapper 类的 map 方法，map 方法执行后，也要以键-值的形式继续向后传递。因此，前两个泛型参数表示的是传入 map 方法的键和值的数据类型；其中的 Text 是 Hadoop 封装的可序列化的字符串类。后两个泛型参数则是 map 方法中指定的向后传递的数据的键和值的数据类型，其中的 IntWritable 是 Hadoop 封装的可序列化的整数类。

此类中创建了两个变量，one 用于表示单词出现的频率，直接赋值为 1，word 用于保存单词的名称。

接下来是 map 方法，此方法描述了 map 阶段的处理逻辑，在本示例中，先通过 StringTokenizer 来拆分每一行的数据，拆分成若干单词，然后遍历每个单词并给每个单词后面附加 1，通过 context 对象（context 对象封装了当前任务的相关信息，如配置信息、分片信息等），以键-值形式将数据写出。假设原始的数据如下。

```
jack tom rose tom ...
mike rose mary ...
tod mary rose ...
```

则输入 map 方法的数据格式如下。

```
(0 jack tom rose tom ...)
(108 mike rose mary ...)
(232 tod mary rose...)
```

经过 map 方法后，由 context 输出的数据是。

```
(jack,1)
(tom,1)
(rose,1)
(tom,1)
(mike,1)
(rose,1)
(mary,1)
(tod,1)
(mary,1)
(rose,1)
...
```

至此，TokenizerMapper 执行完毕，map 方法的输出经由 MapReduce 框架处理后（这里的处理主要是分区和排序），被发送到了 reduce 端，本例是继承了 Reducer 类的 IntSumReducer 类，如图 6-3 所示。

```java
public static class IntSumReducer
    extends Reducer<Text,IntWritable,Text,IntWritable> {
  private IntWritable result = new IntWritable();

  public void reduce(Text key, Iterable<IntWritable> values,
                     Context context
                     ) throws IOException, InterruptedException {
    int sum = 0;
    for (IntWritable val : values) {
      sum += val.get();
    }
    result.set(sum);
    context.write(key, result);
  }
}
```

图 6-3 IntSumReducer 类

此类中的第一行指出了 IntSumReducer 与 Reducer 类的继承关系，Reducer 也是一个泛型类，后面给出了几个泛型参数。第一个参数是输入 reduce 方法的数据的键的类型，第二个参数是输入 reduce 方法的值的类型，第三个是由 reduce 方法输出的键的类型，第四个是由 reduce

方法输出的值的类型。

此类中创建了一个 IntWritable 类型的变量 result，此变量可用于保存单词的最终数量。

接下来是 reduce 方法，此方法描述了 reduce 阶段的处理逻辑；当数据从 map 端输出后，经过 MapReduce 框架的处理，这个处理指的是基于键来对键-值对进行排序和分组，因此 reduce 方法看到的大体是如下输入。

```
(jack,[1])
(mary,[1,1])
(mike,[1])
(rose,[1,1,1])
(tod,[1])
(tom,[1,1])
...
```

此输入对应了 reduce 方法的参数，其中键部分对应 Text 类型的 key，值部分对应 Iterable 类型的 values。因此，如果计算单词的数量，只需将 values 中的所有数字加起来即可。在本示例的代码中，通过对 values 进行遍历，将每个数字相加并保存到变量 sum 中，最后通过 context 将键和新的 sum 值写出。

此示例的第三部分代码在 main 方法中，此部分代码负责运行 MapReduce 作业，如图 6-4 所示。

```java
public static void main(String[] args) throws Exception {
    Configuration conf = new Configuration();
    String[] otherArgs = new GenericOptionsParser(conf, args).getRemainingArgs();
    if (otherArgs.length < 2) {
        System.err.println("Usage: wordcount <in> [<in>...] <out>");
        System.exit(2);
    }
    Job job = Job.getInstance(conf, "word count");
    job.setJarByClass(WordCount.class);
    job.setMapperClass(TokenizerMapper.class);
    job.setCombinerClass(IntSumReducer.class);
    job.setReducerClass(IntSumReducer.class);
    job.setOutputKeyClass(Text.class);
    job.setOutputValueClass(IntWritable.class);
    for (int i = 0; i < otherArgs.length - 1; ++i) {
        FileInputFormat.addInputPath(job, new Path(otherArgs[i]));
    }
    FileOutputFormat.setOutputPath(job,
        new Path(otherArgs[otherArgs.length - 1]));
    System.exit(job.waitForCompletion(true) ? 0 : 1);
}
```

图 6-4 main 方法

上述代码中，首先创建了 Configuration 对象，此对象封装了当前 Hadoop 的所有配置参数。然后创建了 GenericOptionsParser 对象，此对象用于判断 main 方法执行时的输入参数，此处判断如果小于 2 个参数则退出。接下来创建了 Job 对象，Job 对象用于指定作业规范，整个作业的运行都可以由它来控制，此处通过 Job 对象设置了需要执行的 Mapper 类、Reducer 类、Combiner 类（Combiner 类能够提高 MapReduce 的执行效率，具体见 6.3.1 节），以及设置 MapReduce 执行结束后，输出的键和值的类型。当作业执行时，需要告知程序的输入数据来源，以及输出到哪里，此处通过 FileInputFormat 和 FileOutputFormat 进行了设置。最后调用了 Job 的 waitForCompletion 方法来启动作业，并等待作业执行结束。

下面运行这个作业，运行 MapReduce 任务通常需要将程序打包成 JAR 文件，示例程序都是已经打包好的文件，因此可以直接在集群中运行。

（1）在 HDFS 中创建相关的文件夹，命令如下。

```
hadoop fs -mkdir /wordcount
hadoop fs -mkdir /wordcount/input
```

（2）将需要计算单词数量的文件上传到/wordcount/input 下，此处上传 HADOOP_HOME 下的 3 个 TXT 文件：LICENSE.txt、NOTICE.txt 和 README.txt，文件上传命令如下。

```
hadoop fs -put $HADOOP_HOME/*.txt /wordcount/input
```

（3）使用 hadoop jar 命令启动任务。

```
hadoop jar $HADOOP_HOME/share/hadoop/mapreduce/hadoop-mapreduce-examples-x.x.x.jar wordcount /wordcount/input /wordcount/output
```

（4）执行后会输出若干信息，如下所示（因篇幅原因，这里对输出做了一些修改，删掉了某些行）。

```
    19/10/21 20:28:21 INFO client.RMProxy: Connecting to ResourceManager at node0/
192.168.32.3:8032
    19/10/21 20:28:22 INFO input.FileInputFormat: Total input paths to process : 3
    19/10/21 20:28:22 INFO mapreduce.JobSubmitter: number of splits:3
    19/10/21 20:28:23 INFO mapreduce.JobSubmitter: Submitting tokens for job:
job_1571656085990_0001
    19/10/21 20:28:24 INFO impl.YarnClientImpl: Submitted application
application_1571656085990_0001
    19/10/21 20:28:24 INFO mapreduce.Job: The url to track the job: http://node0:
8088/proxy/application_1571656085990_0001/
    19/10/21 20:28:24 INFO mapreduce.Job: Running job: job_1571656085990_0001
    19/10/21 20:28:49 INFO mapreduce.Job: Job job_1571656085990_0001 running in
uber mode : false
    19/10/21 20:28:49 INFO mapreduce.Job:  map 0% reduce 0%
    19/10/21 20:29:30 INFO mapreduce.Job:  map 67% reduce 0%
    19/10/21 20:29:31 INFO mapreduce.Job:  map 100% reduce 0%
    19/10/21 20:29:44 INFO mapreduce.Job:  map 100% reduce 100%
    19/10/21 20:29:44 INFO mapreduce.Job: Job job_1571656085990_0001 completed
successfully
    19/10/21 20:29:45 INFO mapreduce.Job: Counters: 50
        File System Counters
    ...
        Job Counters
            ...
        Map-Reduce Framework
            Map input records=2062
            Map output records=14441
            Map output bytes=157983
            Map output materialized bytes=42865
            Input split bytes=328
            Combine input records=14441
            Combine output records=2659
```

```
                Reduce input groups=2408
                Reduce shuffle bytes=42865
                Reduce input records=2659
                Reduce output records=2408
                Spilled Records=5318
                Shuffled Maps =3
                Failed Shuffles=0
                Merged Map outputs=3
                GC time elapsed (ms)=2447
                CPU time spent (ms)=8140
                Physical memory (bytes) snapshot=691748864
                Virtual memory (bytes) snapshot=8251338752
                Total committed heap usage (bytes)=379858944
        Shuffle Errors
                ...
        File Input Format Counters
                Bytes Read=102768
        File Output Format Counters
                Bytes Written=30290
```

通过上面的输出，可以看到一些有用的内容。例如，作业的标识号（此处为 job_1571656085990_0001），作业执行是否成功，map 和 reduce 的执行进度百分比，计数器 Counters 的统计信息等。

（5）/wordcount/output 目录下生成了两个文件：_SUCCESS 文件用来标识此 MapReduce 任务是否执行成功；part-r-00000 文件则是任务执行结果，通过如下命令，可以打开并查看此文件的内容。

```
hadoop fs -cat /wordcount/output/part-r-00000
```

文件内容如下（因篇幅原因，这里只截取了部分内容）。

```
    our     2
    out     3
    outstanding    3
    own     10
    owned   3
    owner   5
    owner.  1
    owner]  1
    ownership      5
    package 1
    page"   1
    part    12
    participate    1
    particular     4
    parties 1
    partners       1
    parts   2
    party   16
```

MapReduce 框架提供了非常简单的开发模型，我们可以快速方便地开发自己的功能。接下来做进一步的细化，从更深的层次来了解 MapReduce。

### 6.2.3 shuffle 概述

讲到 MapReduce 就不得不提到 shuffle。从 map 端产生输出，到 reduce 输入之前的这一阶段被称为 shuffle，如图 6-5 中虚线圈出的部分。在这一过程中，系统会产生大量的磁盘 I/O 和网络 I/O，并且要进行大量的分区、排序以及合并操作。由于过程复杂，我们将之分成 map 端与 reduce 端两个方面来介绍 shuffle 的处理过程。

shuffle 概述

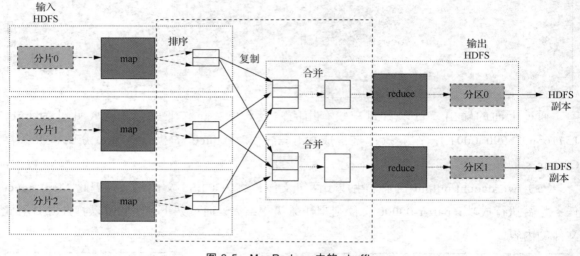

图 6-5　MapReduce 中的 shuffle

1. map 端

当 map 任务产生输出时，基于效率的考虑，输出数据不会直接写到磁盘上，而是先写入一个缓冲区中，此缓冲区默认大小为 100MB，当写入的数据达到缓冲区的阈值（默认为 80%）时，会将缓冲区中的数据溢写（spill）到磁盘，生成一个文件。注意，在写入磁盘文件之前，我们会对这部分数据进行分区，然后对每个分区中的数据按键进行排序，然后写入磁盘中。

随着 map 任务的执行，可能会产生多个溢写文件，这些文件在任务结束执行前，会合并为一个已分区且每个分区都已排序的完整的文件，并保存在本地的磁盘中。注意，基于读写效率的原因，文件会保存在本地磁盘而不是 HDFS 中，如图 6-6 所示。

当 map 任务结束后，会通过心跳机制通知 ApplicationMaster，因此 ApplicationMaster 中记录了 map 输出与主机位置之间的映射关系。

2. reduce 端

reduce 端并不会等待所有 map 任务结束再去获取 map 端输出的数据，reduce 端的一个线程会定期询问 ApplicationMaster，一旦有 map 任务结束，reduce 端就开始复制数据。reduce 会启动若干复制线程，以并行的方式从各个 map 节点复制数据。reduce 节点通常不会复制 map 节点整个的输出文件，而是只复制属于自己的分区数据。图 6-6 中清楚地描述了复制过程。复制完成所有 map 的数据后，会将各部分数据再次进行合并，合并前会进行必要的排序，以保持数据的完整性。这里有一个细节，虽然一个 reduce 节点复制的只是一个 map 输出的一个分区的数据，但并不是说一定会有多个 reduce 节点与每个分区相对应；实际上对于任何 MapReduce 任务，reduce 的数量默认情况下只有一个，此数值可以通过 Job 类的 setNumReduceTasks 方法进行设定。

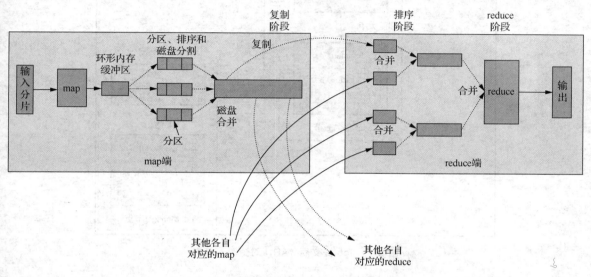

图 6-6　shuffle 部分的数据流转

### 6.2.4　YARN 对 MapReduce 的资源调度

YARN 是 Hadoop 的集群资源管理系统，最初被设计为改善 MapReduce 的实现，因其具有足够的通用性，同样可以支持其他分布式计算系统。

YARN 对 MapReduce 的资源调度

MapReduce 应用在执行时需要使用一定数量的资源，这些资源包括内存、CPU 等，而这些资源都是由 YARN 进行调度的。具体的调度过程如图 6-7 所示，下面对 YARN 的调度过程进行描述。

当 MapReduce 作业启动后，会通知 YARN，并由 YARN 的 ResourceManager 在 NodeManager 的管理下分配一个容器（Container），然后在这个容器中启动 ApplicationMaster 进程。MapReduce 作业的 ApplicationMaster 是一个 Java 程序，它的主类是 MRAppMaster。

ApplicationMaster 启动后，首先会做一定的初始工作，然后会分析 MapReduce 作业的规模，如果规模足够大，则再次向 ResourceManager 请求容器用于 map 和 reduce 任务的执行。对于 map 任务，根据数据本地化的要求，会尽可能地将容器分配到数据所在节点，而 reduce 任务则不会考虑。默认情况下，每个 map 和 reduce 任务都被分配了 1024MB 的内存和一个虚拟 CPU 内核，容器启动后，会拉取任务所需的相关的配置信息、打包好的 MapReduce 的 JAR 文件以及来自分布式缓存的文件到当前节点，然后开始运行 map 或 reduce 任务。

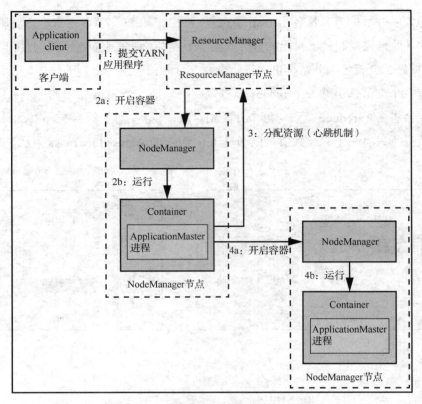

图 6-7 Job 提交后 YARN 对资源的管理

在 map 或 reduce 执行时，会定时向 ApplicationMaster 汇报运行的状态和进度，而客户端也会定时询问 ApplicationMaster 以接收作业的最新状态。

### 6.2.5 map 的本地化

map 任务有本地化的局限，意思是 map 任务一般情况下都会运行在分片所在的节点上，这样的好处是可以不用跨节点传输数据，从而大大提高了程序运行效率。当然如果本地节点正在忙碌，无法分配出资源运行 map 任务，那么会在分片所在节点的同一个机架上分配节点（机架本地化），总的来说就是在距离数据最近的节点上运行，这也符合大数据"数据在哪，计算就在哪"的思想。与 map 任务不同，reduce 任务可以在集群的任何位置运行。

## 6.3 MapReduce 进阶

Hadoop 为 MapReduce 提供了若干编程接口以及特殊的功能。

### 6.3.1 Combiner

Combiner 是一个继承了 Reducer 的类，它的作用是当 map 生成的数据过大时，可以精简压缩传给 reduce 的数据，而又不影响重点数据。在

Combiner

wordcount 的示例中，输入 reduce 的每个 key 值所对应的 value 都是 1，这会增大磁盘的写入量，并且在传递给 Reducer 端时也会占用很大的带宽。Combiner 的使用可以使 map 的输出在给 reduce 之前做合并或计算，把具有相同 key 的 value 做计算，那么传给 reduce 的数据就会少很多，减轻了网络压力。

Combiner 是用 Reducer 来定义的，因此多数的情况下 Combiner 和 reduce 处理的是同一种逻辑。在 wordcount 示例中，根本就没有编写单独的 Combiner 类，而是直接通过 setCombinerClass 方法将 Combiner 类设置为 IntSumReducer，这是因为 Combiner 与 Reducer 类的逻辑相同，都是单词数量的相加操作。通过 Combiner 的合并计算，减少了传入 reduce 的数据量，从而提高了执行效率。

假设没有使用 Combiner，传入 Reducer 的数据如下。

```
foo   1
foo   1
bar   1
bar   1
bar   1
baz   1
```

若使用了 Combiner，传入 Reducer 的数据如下。

```
foo   2
bar   3
baz   1
```

由此可以看出，数据量明显减少了。

## 6.3.2 Partitioner

前面介绍过 Mapper 最终处理的键-值对<key,value>，是需要送到 Reducer 中合并的，合并的时候，有相同 key 的键-值对会送到同一个 Reducer 节点中进行合并。而哪个 key 到哪个 Reducer 的分配过程，是由 Partitioner 规定的。键值数据从 map 输出后，Partitioner 负责控制 map 输出结果键的分割。默认情况下，使用的是 HashPartitioner，也就是使用 hash 的方式对键进行分区，其处理方式为 hash(key) mod R，如图 6-8 所示。其中 R 是 reduce 的数量，由此可知，分区的数目与一个作业的 reduce 任务的数目是一样的。因此，Partitioner 控制将中间过程的 key（也就是这条记录）应发送给 m 个 reduce 任务中的哪一个来进行 reduce 操作。

```
public int getPartition(K2 key, V2 value,
                        int numReduceTasks) {
    return (key.hashCode() & Integer.MAX_VALUE) % numReduceTasks;
}
```

图 6-8　默认的 HashPartitioner 的分区代码

Partitioner 可以根据自己的逻辑进行自定义，例如，假设要将 MapReduce 的执行结果分为两部分，两部分的区分条件是键的奇偶值，则可以编写如下 Partitioner 类来实现。

```
public class MyPartitioner extends Partitioner<LongWritable, Text>{
```

```java
@Override
public int getPartition(LongWritable key, Text value, int numPartitions) {
    //偶数放到第二个分区进行计算
    if (key.get() % 2 == 0){
        //将输入 reduce 中的 key 设置为 1
        key.set(1);
        return 1;
    } else {//奇数放在第一个分区进行计算
        //将输入 reduce 中的 key 设置为 0
        key.set(0);
        return 0;
    }
}
```

然后通过 Job 对象来设置要执行的 Partitioner 类，以及需要的 reduce 数量。

```
job.setPartitionerClass(MyPartitioner.class);
job.setNumReduceTasks(2);
```

### 6.3.3　MapReduce 输入的处理类

MapReduce 输入的处理类

前面提到一个输入分片就是一个由单个 map 操作来处理的输入块。一个 map 操作只处理一个输入分片。每个分片被划分为若干个记录，每个记录都是一个键值对，map 一条一条地处理记录。

输入分片在 Java 中标识为 InputSplit 接口，文件、数据库等不同类型的数据有不同的 InputSplit 实现。但开发人员是不必直接处理 InputSplit 的，因为它是由 InputFormat 创建的，InputFormat 负责创建输入分片并将它们分割成记录。InputFormat 的继承关系如图 6-9 所示。

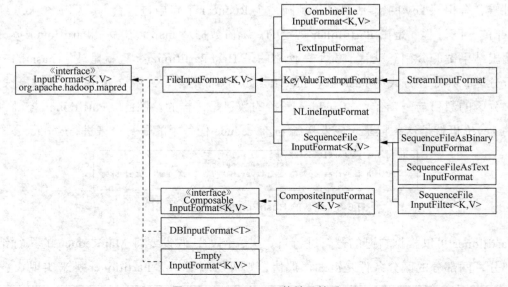

图 6-9　InputFormat 的继承关系

Hadoop 默认使用的是 FileInputFormat 下的 TextInputFormat，FileInputFormat 中定义了如何针对文件进行分区。计算分区大小的基本逻辑如图 6-10 所示。在 TextInputFormat 中重写了 InputFormat 中的 createRecordReader 方法和 isSplitable 方法，isSplitable 方法用于定义文件是否可以被切分，createRecordReader 方法用于返回读取文件的 RecordReader 类，此处返回的是 LineRecordReader。LineRecordReader 的读取方式是，字符偏移量作为键，整行作为值。

```
protected long computeSplitSize(long blockSize, long minSize,
                                long maxSize) {
    return Math.max(minSize, Math.min(maxSize, blockSize));
}
```

图 6-10　切分计算的方法

用户可以编写 InputFormat 类和 RecordReader 类来实现自己的读取逻辑。

### 6.3.4　MapReduce 输出的处理类

OutputFormat 主要用于描述输出数据的格式，它能够将用户提供的 key/value 对写入特定格式的文件中。Hadoop 自带了很多 OutputFormat 的实现，它们与 InputFormat 实现相对应，所有 MapReduce 输出都实现了 OutputFormat 接口。OutputFormat 继承关系如图 6-11 所示。

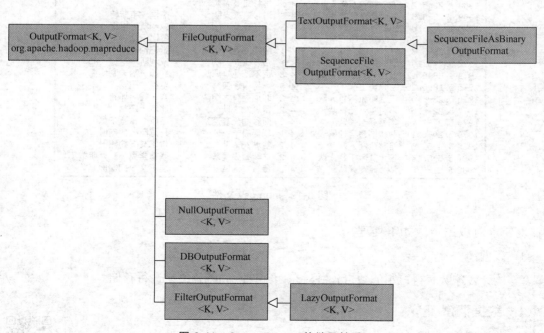

图 6-11　OutputFormat 的继承关系

Hadoop 默认使用的是 FileOutputFormat 下的 TextOutputFormat 类，可以通过继承 OutputFormat（FileOutputFormat）和 RecordWriter 类来实现自己的输出逻辑。

## 6.4 案例

本节将通过一个实际的案例对前面所讲的内容进行实践和练习。案例中需要处理的文件为 nba.csv，该文件记录了美国职业篮球联赛（National Basketball Association，NBA）历年总决赛的详细情况，文件的字段从左到右依次为比赛年份、具体日期、冠军、比分、亚军和当年总决赛最有价值球员（Finals Most Valuable Player Award，FMVP），如图 6-12 所示。

| 1947 | 4.16-4.22 | 费城勇士队 | 4-1 | 芝加哥牡鹿队 | |
| 1948 | 4.10-4.21 | 巴尔的摩子弹队 | 4-2 | 费城勇士队 | |
| 1949 | 4.4-4.13 | 明尼阿波利斯湖人队 | 4-2 | 华盛顿国会队 | |
| 1950 | 4.8-4.23 | 明尼阿波利斯湖人队 | 4-2 | 塞拉库斯民族队 | |
| 1951 | 4.7-4.21 | 罗切斯特皇家队 | 4-3 | 纽约尼克斯队 | |
| 1952 | 4.12-4.25 | 明尼阿波利斯湖人队 | 4-3 | 纽约尼克斯队 | |
| 1953 | 4.4-4.10 | 明尼阿波利斯湖人队 | 4-1 | 纽约尼克斯队 | |
| 1954 | 3.31-4.12 | 明尼阿波利斯湖人队 | 4-3 | 塞拉库斯民族队 | |
| 1955 | 3.31-4.10 | 塞拉库斯民族队 | 4-3 | 福特韦恩活塞队 | |
| 1956 | 3.31-4.7 | 费城勇士队 | 4-1 | 福特韦恩活塞队 | |
| 1957 | 3.30-4.13 | 波士顿凯尔特人队 | 4-3 | 圣路易斯老鹰队 | |
| 1958 | 3.29-4.12 | 圣路易斯老鹰队 | 4-2 | 波士顿凯尔特人队 | |
| 1959 | 4.4-4.9 | 波士顿凯尔特人队 | 4-0 | 明尼阿波利斯湖人队 | |
| 1960 | 3.27-4.9 | 波士顿凯尔特人队 | 4-3 | 圣路易斯老鹰队 | |
| 1961 | 4.2-4.11 | 波士顿凯尔特人队 | 4-1 | 圣路易斯老鹰队 | |
| 1962 | 4.7-4.18 | 波士顿凯尔特人队 | 4-3 | 洛杉矶湖人队 | |
| 1963 | 4.14-4.24 | 波士顿凯尔特人队 | 4-2 | 洛杉矶湖人队 | |
| 1964 | 4.18-4.26 | 波士顿凯尔特人队 | 4-1 | 旧金山勇士队 | |
| 1965 | 4.18-4.25 | 波士顿凯尔特人队 | 4-1 | 洛杉矶湖人队 | |
| 1966 | 4.17-4.28 | 波士顿凯尔特人队 | 4-3 | 洛杉矶湖人队 | |
| 1967 | 4.14-4.24 | 费城76人队 | 4-2 | 旧金山勇士队 | |
| 1968 | 4.21-5.2 | 波士顿凯尔特人队 | 4-2 | 洛杉矶湖人队 | |
| 1969 | 4.23-5.5 | 波士顿凯尔特人队 | 4-3 | 洛杉矶湖人队 | 杰里·韦斯特 |
| 1970 | 4.24-5.8 | 纽约尼克斯队 | 4-3 | 洛杉矶湖人队 | 威利斯·里德 |
| 1971 | 4.21-4.30 | 密尔沃基雄鹿队 | 4-0 | 巴尔的摩子弹队 | 贾巴尔 |
| 1972 | 4.26-5.7 | 洛杉矶湖人队 | 4-1 | 纽约尼克斯队 | 张伯伦 |
| 1973 | 5.1-5.10 | 纽约尼克斯队 | 4-1 | 洛杉矶湖人队 | 威利斯·里德 |
| 1974 | 4.28-5.12 | 波士顿凯尔特人队 | 4-3 | 密尔沃基雄鹿队 | 约翰·哈夫利切克 |
| 1975 | 5.18-5.25 | 金州勇士队 | 4-0 | 华盛顿子弹队 | 里克·巴里 |
| 1976 | 5.23-6.6 | 波士顿凯尔特人队 | 4-2 | 菲尼克斯太阳队 | 乔·乔·怀特 |
| 1977 | 5.22-6.5 | 波特兰开拓者队 | 4-2 | 费城76人队 | 比尔·沃顿 |
| 1978 | 5.21-6.7 | 华盛顿子弹队 | 4-3 | 西雅图超音速队 | 韦斯·昂塞尔德 |
| 1979 | 5.20-6.1 | 西雅图超音速队 | 4-1 | 华盛顿子弹队 | 丹尼斯·约翰逊 |
| 1980 | 5.4-5.16 | 洛杉矶湖人队 | 4-2 | 费城76人队 | 埃尔文·约翰逊 |
| 1981 | 5.5-5.14 | 波士顿凯尔特人队 | 4-2 | 休斯顿火箭队 | 塞德里克·麦克斯维尔 |
| 1982 | 5.27-6.8 | 洛杉矶湖人队 | 4-2 | 费城76人队 | 埃尔文·约翰逊 |

图 6-12 nba.csv 文件

现要求对数据集做如下处理。

① 数据清洗。

② 统计各球队获得冠军的数量，并对东西部球队的统计结果进行存储。

### 6.4.1 数据清洗

**1. 数据清洗要求**

NBA 的历史较为久远，从 1947 年至 2019 年的这段时间里，一些球队已经不存在了（如芝加哥牡鹿队），还有部分球队的队名发生了变化（如明

数据清洗

尼阿波利斯湖人队，现在的名称是洛杉矶湖人队）。所以，对于已经不存在的球队，继续保存其名称，不做修改。但是已经更改名称的球队，需要映射为现在球队的名称。另外，因为要对球队进行东西分区的统计，所以要对球队添加东西分区的标识。

2．解题思路

添加球队新旧名称的映射，读取每行数据时，遇到旧的名称，将其替换为新名称。

添加东西分区球队的映射，读取数据时，分析冠军球队所在分区，然后添加标识（东部球队以"E"标识，西部球队以"W"标识）。

需要注意的是，美国 NBA 是从 1970 年开始进行东西分区的，因此需要对年份进行判断。

3．核心代码解析

在自定义的 Mapper 类中，先创建了两个 java.util.Map 对象，用于封装新旧队名和东西分区球队的映射，核心代码如图 6-13 所示。

```
static class MyMapper extends Mapper<LongWritable, Text, NullWritable, Text> {
    // 用于保存新旧队名映射关系
    Map<String, String> nameMap = new HashMap<String, String>();
    // 用于映射东西分区的球队
    Map<String, List<String>> areaMap = new HashMap<String, List<String>>();
```

图 6-13　封装新旧队名和东西分区的映射对象

映射数据的初始化最好是放在 Mapper 类的 setup 方法中，Mapper 类有以下四个方法。

```
protected void setup(Context context)
Protected void map(KEYIN key,VALUEIN value,Context context)
protected void cleanup(Context context)
public void run(Context context)
```

setup 方法一般用来加载一些初始化的工作，像关联数据的初始化、建立数据库的链接等；cleanup 方法是收尾工作，如关闭文件或者执行 map 后的键值分发等；map 方法则是描述对每行数据的处理逻辑；run 方法定义了以上几个方法的执行过程，如图 6-14 所示，通过此方法可以看出，setup 与 cleanup 在 Mapper 对象的生命周期中只被调用一次，而 map 方法则是只要有新的 key 和 value，就会被调用。

```
public void run(Context context) throws IOException, InterruptedException {
    setup(context);
    try {
        while (context.nextKeyValue()) {
            map(context.getCurrentKey(), context.getCurrentValue(), context);
        }
    } finally {
        cleanup(context);
    }
}
```

图 6-14　Mapper 类中的 run 方法

setup 方法中映射数据的初始化的核心代码如图 6-15 所示。

```java
/**
 * Mapper的setup方法是初始化方法，一个Mapper实例只会调用一次；
 */
@Override
protected void setup(Mapper<LongWritable, Text, NullWritable, Text>.Context context)
        throws IOException, InterruptedException {
    // 设置球队旧名与新名对应关系
    nameMap.put("费城勇士队", "金州勇士队");
    nameMap.put("旧金山勇士队", "金州勇士队");
    nameMap.put("明尼阿波利斯湖人队", "洛杉矶湖人队");
    nameMap.put("塞拉库斯民族队", "费城76人队");
    nameMap.put("罗切斯特皇家队", "萨克拉门托国王队");
    nameMap.put("圣路易斯老鹰队", "亚特兰大老鹰队");
    nameMap.put("华盛顿子弹队", "华盛顿奇才队");
    nameMap.put("巴尔的摩子弹队", "华盛顿奇才队");
    nameMap.put("西雅图超音速队", "俄克拉荷马城雷霆队");
    nameMap.put("福特韦恩活塞队", "底特律活塞队");
    nameMap.put("新泽西网队", "布鲁克林篮网队");
    nameMap.put("达拉斯小牛队", "达拉斯独行侠队");
    //nameMap.put("俄克拉荷马城雷霆队", "西雅图超音速队");
    // 设置东区球队
    List<String> eastList = new ArrayList<String>();
    eastList.add("亚特兰大老鹰队");
    eastList.add("夏洛特黄蜂队");
    eastList.add("迈阿密热火队");
    eastList.add("奥兰多魔术队");
    eastList.add("华盛顿奇才队");
    eastList.add("波士顿凯尔特人队");
    eastList.add("布鲁克林篮网队");
    eastList.add("纽约尼克斯队");
    eastList.add("费城76人队");
    eastList.add("多伦多猛龙队");
    eastList.add("芝加哥公牛队");
    eastList.add("克里夫兰骑士队");
    eastList.add("底特律活塞队");
    eastList.add("印第安纳步行者队");
    eastList.add("密尔沃基雄鹿队");
    // 设置西区球队
    List<String> westList = new ArrayList<String>();
    westList.add("达拉斯独行侠队");
    westList.add("休斯顿火箭队");
    westList.add("孟菲斯灰熊队");
    westList.add("新奥尔良鹈鹕队");
    westList.add("圣安东尼奥马刺队");
```

图 6-15 映射数据初始化核心代码

东西分区的 List 列表最后要添加到 areaMap 对象中，如图 6-16 所示。

```java
// 添加到映射中
areaMap.put("east", eastList);
areaMap.put("west", westList);
```

图 6-16 分区添加到 areaMap 对象

在 map 方法中，按照上面的要求进行逻辑映射即可，map 最终输出的结果是<NullWritable, Text>类型，Text 部分是替换了新名称，且附加了东西区标识的数据，核心代码如图 6-17 所示。

```java
@Override
protected void map(LongWritable key, Text value, Mapper<LongWritable, Text, NullWritable,
        Text>.Context context)
        throws IOException, InterruptedException {
    // 使用","拆分数据行
    String[] split = value.toString().split(",");
    // 获取冠军和亚军字段
    String champion = split[2];
    String second = split[4];
    // 进行新旧名称替换
    String newName = nameMap.get(champion);
    champion = newName == null ? champion : newName;
    String newName2 = nameMap.get(second);
    second = newName2 == null ? second : newName2;
    split[2] = champion;
    split[4] = second;
    int year = Integer.parseInt(split[0]);
    // NBA是从1970年开始分东西区的
    if (year >= 1970) {
        // 设置东西区标识
        String areaFlag = "";
        List<String> eastList = areaMap.get("east");
        List<String> westList = areaMap.get("west");
        if (eastList.contains(champion))
            areaFlag = "E";
        else if (westList.contains(champion))
            areaFlag = "W";
        newValue.set(strArrToString(split) +","+ areaFlag);
    }else {
        newValue.set(strArrToString(split));
    }
    context.write(NullWritable.get(), newValue);
}
```

图 6-17  map 方法核心代码

main 方法中需要定义 job 启动的相关参数，数据清洗部分实际只需要将 map 阶段的结果进行输出，而不需要 reduce 部分的汇总处理，因此不需要配置 Reducer，但即使不编写 Reducer 类，MapReduce 框架也会添加一个默认的 Reducer 类，即 org.apache.hadoop.mapreduce.Reducer。可以通过 Job 对象的 setNumReduceTasks 方法，并设置其参数为 0，来避免多余的性能浪费，核心代码如图 6-18 所示。

```java
public static void main(String[] args) throws Exception {
    Configuration conf = new Configuration();
    Job job = Job.getInstance(conf);

    job.setJarByClass(DataClear.class);
    job.setMapperClass(MyMapper.class);
    job.setMapOutputKeyClass(NullWritable.class);
    job.setMapOutputValueClass(Text.class);
    job.setOutputKeyClass(NullWritable.class);
    job.setOutputValueClass(Text.class);
    // 如果不写Reducer，MapReduce框架会自动提供一个，此处不需要Reducer，因此设置Reducer的个数为0
    job.setNumReduceTasks(0);

    FileInputFormat.setInputPaths(job, new Path(args[0]));
    FileOutputFormat.setOutputPath(job, new Path(args[1]));

    System.out.println(job.waitForCompletion(true));
}
```

图 6-18  main 方法核心代码

数据清洗的结果如图6-19所示。

```
1947,4.16-4.22,金州勇士队,4-1,芝加哥牡鹿队
1948,4.10-4.21,华盛顿奇才队,4-2,金州勇士队
1949,4.4-4.13,洛杉矶湖人队,4-2,华盛顿国会队
1950,4.8-4.23,洛杉矶湖人队,4-2,费城76人队
1951,4.7-4.21,萨克拉门托国王队,4-3,纽约尼克斯队
1952,4.12-4.25,洛杉矶湖人队,4-3,纽约尼克斯队
1953,4.4-4.10,洛杉矶湖人队,4-1,纽约尼克斯队
1954,3.31-4.12,洛杉矶湖人队,4-3,费城76人队
1955,3.31-4.10,费城76人队,4-3,底特律活塞队
1956,3.31-4.7,金州勇士队,4-1,底特律活塞队
1957,3.30-4.13,波士顿凯尔特人队,4-3,亚特兰大老鹰队
1958,3.29-4.12,亚特兰大老鹰队,4-2,波士顿凯尔特人队
1959,4.4-4.9,波士顿凯尔特人队,4-0,洛杉矶湖人队
1960,3.27-4.9,波士顿凯尔特人队,4-3,亚特兰大老鹰队
1961,4.2-4.11,波士顿凯尔特人队,4-1,亚特兰大老鹰队
1962,4.7-4.18,波士顿凯尔特人队,4-3,洛杉矶湖人队
1963,4.14-4.24,波士顿凯尔特人队,4-2,洛杉矶湖人队
1964,4.18-4.26,波士顿凯尔特人队,4-1,金州勇士队
1965,4.18-4.25,波士顿凯尔特人队,4-1,洛杉矶湖人队
1966,4.17-4.28,波士顿凯尔特人队,4-3,洛杉矶湖人队
1967,4.14-4.24,费城76人队,4-2,金州勇士队
1968,4.21-5.2,波士顿凯尔特人队,4-2,洛杉矶湖人队
1969,4.23-5.5,波士顿凯尔特人队,4-3,洛杉矶湖人队,杰里·韦斯特
1970,4.24-5.8,纽约尼克斯队,4-3,洛杉矶湖人队,威利斯·里德,E
1971,4.21-4.30,密尔沃基雄鹿队,4-0,华盛顿奇才队,贾巴尔,E
1972,4.26-5.7,洛杉矶湖人队,4-1,纽约尼克斯队,张伯伦,W
1973,5.1-5.10,纽约尼克斯队,4-1,洛杉矶湖人队,威利斯·里德,E
1974,4.28-5.12,波士顿凯尔特人队,4-3,密尔沃基雄鹿队,约翰·哈夫利切克,E
1975,5.18-5.25,金州勇士队,4-0,华盛顿奇才队,里克·巴里,W
1976,5.23-6.6,波士顿凯尔特人队,4-2,菲尼克斯太阳队,乔·乔·怀特,E
1977,5.22-6.5,波特兰开拓者队,4-2,费城76人队,比尔·沃顿,W
1978,5.21-6.7,华盛顿奇才队,4-3,俄克拉荷马城雷霆队,韦斯·昂塞尔德,E
1979,5.20-6.1,俄克拉荷马城雷霆队,4-1,华盛顿奇才队,丹尼斯·约翰逊,W
1980,5.4-5.16,洛杉矶湖人队,4-2,费城76人队,埃尔文·约翰逊,W
1981,5.5-5.14,波士顿凯尔特人队,4-2,休斯顿火箭队,塞德里克·麦克斯维尔,E
1982,5.27-6.8,洛杉矶湖人队,4-2,费城76人队,埃尔文·约翰逊,W
```

图6-19 数据清洗的结果

## 6.4.2 统计冠军数量并存储

统计各球队获得冠军数量,并将东西部球队的统计结果分别存储。

统计冠军数量并存储

### 1. 解题思路

要统计各球队获得冠军的数量,基本思路与前面wordcount程序的逻辑是一致的,在map阶段解析出冠军球队的名称作为键,以一个值为1的IntWritable对象作为值,然后传递给reduce,在reduce部分做相加操作即可。

另外统计结果需要根据东西区来分文件存储,因此相对wordcount要稍微复杂。通过已给出并清洗后的数据集可知,应该分为东区、西区和未分区三个文件存储,因此需要自定义Partitoner,并根据分区标识来判断每行数据需要进入哪个分区。

指定reduce的个数,通过job.setNumReduceTasks(3)来设置reduce的数量为3个。

## 2. 核心部分代码解析

map 部分主要用于解析冠军球队名称,以及解析出分区标识,并根据分区标识来设置键值,而值部分则直接取值为 1,核心代码如图 6-20 所示。

```java
static class MyMapper extends Mapper<LongWritable, Text, Text, IntWritable> {
    Text newKey = new Text();
    // 每行数据是一个冠军,因此直接赋值为1
    IntWritable newValue = new IntWritable(1);

    @Override
    protected void map(LongWritable key, Text value,
            Mapper<LongWritable, Text, Text, IntWritable>.Context context)
            throws IOException, InterruptedException {
        String[] split = value.toString().split(",");
        String champion = split[2];
        // 获取分区标识
        String area = null;
        if (split.length == 7)
            area = split[6];
        // 如果有分区,则与冠军球队一起写入key中,并以","分隔,如果没有分区,则只写冠军球队名称
        if (area != null)
            newKey.set(champion + "," + area);
        else
            newKey.set(champion);
        context.write(newKey, newValue);
    }
}
```

图 6-20  map 核心代码

在自定义的 Partitioner 中,需要根据键的取值,来判断每行数据进入哪一个分区,核心代码如图 6-21 所示。

```java
static class Mypartitioner extends Partitioner<Text, IntWritable> {
    /**
     * 框架会自动将从map中输出的键和值以及设置的reduce数量作为参数传入getPartition方法中
     */
    @Override
    public int getPartition(Text key, IntWritable value, int numPartitions) {
        String[] split = key.toString().split(",");
        String area = null;
        // 判断key中如果有分区标识,如果有则赋值给area变量
        if (split.length > 1) {
            area = split[1];
        }
        // 根据area变量的取值,放入不同分区
        if ("E".equals(area)) {
            return 0;
        } else if ("W".equals(area)) {
            return 1;
        } else {
            // 如果没有分区标识,则单独保存一个文件
            return 2;
        }
    }
}
```

图 6-21  Partitioner 核心代码

reduce 部分进行合并，统计每支球队获得冠军的数量，核心代码如图 6-22 所示。

```java
static class MyReducer extends Reducer<Text, IntWritable, Text, IntWritable> {
    IntWritable iw = new IntWritable();

    @Override
    protected void reduce(Text key, Iterable<IntWritable> value,
            Reducer<Text, IntWritable, Text, IntWritable>.Context context)
            throws IOException, InterruptedException {
        // 统计每支球队获得冠军的数量
        int sum = 0;
        for (IntWritable iw : value) {
            sum += iw.get();
        }
        iw.set(sum);
        context.write(key, iw);
    }
}
```

图 6-22  reduce 核心代码

main 方法中，除了基本的 job 提交所需的参数外，此处还指定了 Combiner，由于计算数量的逻辑与 reduce 一致，因此直接使用了 MyReducer 类。另外，还需要指定自定义分区类 MyPartitioner 类，并且还设置了 reduce 的数量为 3，核心代码如图 6-23 所示。

```java
public static void main(String[] args) throws Exception {
    Configuration conf = new Configuration();
    Job job = Job.getInstance(conf);

    job.setJarByClass(ChampionCount.class);
    job.setMapperClass(MyMapper.class);
    job.setReducerClass(MyReducer.class);
    job.setMapOutputKeyClass(Text.class);
    job.setMapOutputValueClass(IntWritable.class);
    job.setOutputKeyClass(Text.class);
    job.setOutputValueClass(IntWritable.class);
    // 设置Combiner类为MyReducer，来减少map阶段的磁盘IO
    job.setCombinerClass(MyReducer.class);
    // 设置Partitioner类为自定义的MyPartitioner
    job.setPartitionerClass(Mypartitioner.class);
    // 设置reduce的数量为3
    job.setNumReduceTasks(3);

    FileInputFormat.setInputPaths(job, new Path(args[0]));
    FileOutputFormat.setOutputPath(job, new Path(args[1]));

    System.out.println(job.waitForCompletion(true));
}
```

图 6-23  main 方法核心代码

最终的计算结果有三个文件（除_SUCCESS 文件），文件列表如图 6-24 所示。
三个文件的内容如下所示。

（1）part-r-00000 内容如图 6-25 所示。

```
 1 克里夫兰骑士队,E 1
 2 华盛顿奇才队,E   1
 3 多伦多猛龙队,E   1
 4 密尔沃基雄鹿队,E 1
 5 底特律活塞队,E   3
 6 波士顿凯尔特人队,E 6
 7 纽约尼克斯队,E   2
 8 芝加哥公牛队,E   6
 9 费城76人队,E 1
10 迈阿密热火队,E   3
```

```
_SUCCESS
part-r-00000
part-r-00001
part-r-00002
```

图 6-24  结果文件列表　　　　图 6-25  part-r-00000 内容

（2）part-r-00001 内容如图 6-26 所示。

（3）part-r-00002 内容如图 6-27 所示。

```
1 圣安东尼奥马刺队,W   5
2 波特兰开拓者队,W 1
3 洛杉矶湖人队,W      11
4 达拉斯独行侠队,W 1
5 金州勇士队,W 4
```

```
1 亚特兰大老鹰队      1
2 休斯顿火箭队 2
3 俄克拉荷马城雷霆队   1
4 华盛顿奇才队 1
5 波士顿凯尔特人队 11
6 洛杉矶湖人队 5
7 萨克拉门托国王队 1
8 费城76人队      2
9 金州勇士队      2
```

图 6-26  part-r-00001 内容　　　图 6-27  part-r-00002 内容

## 6.4.3　使用自定义 OutputFormat 来实现多文件存储

下面会对上面的案例进行修改，通过自定义 OutputFormat 的方式将东区、西区和没有分区的数据分别保存在三个文件中。

使用自定义 OutputFormat 来实现多文件存储

### 1. 解题思路

OutputFormat 是 MapReduce 框架用于数据输出的抽象父类，FileOutputFormat 类继承了 OutputFormat，用于定义文件的输出，在 reduce 阶段，默认的输出类是继承了 FileOutputFormat 的 TextOutputFormat，可以通过继承 FileOutputFormat 来实现自己的输出逻辑。

### 2. 核心部分代码解析

自定义的 MyOutputFormat 非常简单，只是在其 getRecordWriter 方法中返回一个 RecordWriter 对象即可，核心代码如图 6-28 所示。

```java
static class MyOutputFormat extends FileOutputFormat<Text, IntWritable>{

    @Override
    public RecordWriter<Text, IntWritable> getRecordWriter(TaskAttemptContext job)
        throws IOException, InterruptedException {
        // 返回自定义的MyRecordWriter对象
        return new MyRecordWriter();
    }

}
```

图 6-28  MyOutputFormat 核心代码

需要继承 RecordWriter 来实现自己的输出逻辑，本案例定义了一个 MyRecordWriter 类，在其构造方法中，创建了三个 FSDataOutputStream 对象，分别用于不同类型数据的输出。在其核心的 write 方法中，根据分区表示来指定不同分区数据的输出，并在最后的 close 方法中使用 hadoop 的 IOUtils 来关闭三个 FSDataOutputStream，核心代码如图 6-29 所示。

```java
static class MyRecordWriter extends RecordWriter<Text, IntWritable>{
    // 创建三个FSDataOutputStream变量，用于实现三类数据的输出。
    FSDataOutputStream areaEast;
    FSDataOutputStream areaWest;
    FSDataOutputStream noArea;
    public MyRecordWriter() throws IOException  {
        // 通过FileSystem的create方法来实例化FSDataOutputStream对象
        Configuration conf=new Configuration();
        FileSystem fs=FileSystem.get(conf);
        areaEast = fs.create(new Path("file/multioutput/output/areaeast.txt"));
        areaWest = fs.create(new Path("file/multioutput/output/areawest.txt"));
        noArea = fs.create(new Path("file/multioutput/output/noarea.txt"));
    }
    /**
     * 框架会自动将reduce输出的键和值传入write方法
     */
    @Override
    public void write(Text key, IntWritable value) throws IOException,
    InterruptedException {
        String[] split = key.toString().split(",");
        // 根据分区标识，来实现不同类型数据的输出
        if(split.length>1) {
            String area=split[1];
            if(area.equals("E")) {
                areaEast.write((key.toString()+"    "+value.get()).getBytes());
                areaEast.write("\n".getBytes());
            }else {
                areaWest.write((key.toString()+"    "+value.get()).getBytes());
                areaWest.write("\n".getBytes());
            }
        }else {
            noArea.write((key.toString()+"    "+value.get()).getBytes());
            noArea.write("\n".getBytes());
        }
    }

    @Override
    public void close(TaskAttemptContext context) throws IOException,
    InterruptedException {
        IOUtils.closeStream(areaEast);
        IOUtils.closeStream(areaWest);
        IOUtils.closeStream(noArea);
    }
}
```

图 6-29　MyRecordWriter 核心代码

需要注意的是，在 main 方法中，由于使用了自定义的 OutputFormat，因此不再需要自定义 Partitioner，另外还需要指定 OutputFormat 的 class 为 MyOutputFormat，核心代码如图 6-30 所示。

最终的输出结果与上一个示例基本一致，只是文件名称是本例代码中直接定义的，最终生成的结果文件列表如图 6-31 所示。

# 第6章 分布式计算框架MapReduce

```java
public static void main(String[] args) throws Exception {
    Configuration conf = new Configuration();
    Job job = Job.getInstance(conf);

    job.setJarByClass(MultiOutput.class);
    job.setMapperClass(MyMapper.class);
    job.setReducerClass(MyReducer.class);
    job.setMapOutputKeyClass(Text.class);
    job.setMapOutputValueClass(IntWritable.class);
    job.setOutputKeyClass(Text.class);
    job.setOutputValueClass(IntWritable.class);
    job.setCombinerClass(MyReducer.class);
    // 指定OutputFormat
    job.setOutputFormatClass(MyOutputFormat.class);

    FileInputFormat.setInputPaths(job, new Path(args[0]));
    // 尽管在MyRecordWriter已经指定了文件的输出路径,此处仍需要为_SUCCESS文件指定输出
    FileOutputFormat.setOutputPath(job, new Path(args[1]));

    System.out.println(job.waitForCompletion(true));
}
```

图 6-30　main 方法核心代码

图 6-31　结果文件列表

## 6.4.4　去除部分历史数据并存储

去掉 NBA 开始东西分区之前（也就是 1970 年之前）的数据，仅将开始分区之后的数据进行分区存储。

去除部分历史数据并存储

### 1. 解题思路

在前面两个示例中，都实现了数据的多文件存储，但由于本案例的要求是只将东西分区的数据分文件存储，因此单独保存1970年之前的数据有些多余。去掉这些多余的数据非常简单，只需要在示例 2 和示例 3 的 map 方法中进行过滤即可，但更好的方式是自定义 InputFormat 类，实现在数据进入 map 方法之前就将其去掉。

InputFormat 是 MapReduce 框架进行数据读取的抽象父类，FileInputFormat 继承了 InputFormat，主要用于文件的读取。框架默认使用的是继承了 FileInputFormat 的 TextInputFormat，可以继承 FileInputFormat 来实现自己的输出逻辑。

### 2. 核心部分代码解析

创建 MyInputFormat 类继承 FileInputFormat，并实现 createRecordReader 方法，此方法中返回一个自定义的 MyRecordReader 对象，核心代码如图 6-32 所示。

```java
static class MyInputFormat extends FileInputFormat<LongWritable, Text> {
    @Override
    public RecordReader<LongWritable, Text> createRecordReader(InputSplit split,
            TaskAttemptContext context)
            throws IOException, InterruptedException {
        return new MyRecordReader();
    }
}
```

图 6-32　MyInputFormat 核心代码

实现自定义的 RecordReader 需要重写以下几个方法：

```
public void initialize(InputSplit split, TaskAttemptContext context)
```

```
public boolean nextKeyValue()
public LongWritable getCurrentKey()
public Text getCurrentValue()
public float getProgress()
public void close()
```

其中，initialize 方法主要用于初始化一些数据读取需要的参数，如开始位置、结束位置、读取流对象等；nextKeyValue 方法将在数据读入 map 方法之前被调用，其作用是给键和值赋值；getCurrentKey 和 getCurrentValue 方法用于获取已赋值的键和值，并传入 map 方法中；getProgress 用于计算 RecordReader 读取了多少数据；close 用来关闭读取流。

在 MyRecordReader 中定义用于读取操作的变量，核心代码如图 6-33 所示。

```
static class MyRecordReader extends RecordReader<LongWritable, Text> {
    // 读取开始位置
    private long start;
    // 当前所在位置
    private long pos;
    // 读取结束位置
    private long end;
    // 行读取器，用来读取真实数据
    private LineReader in;
    // 流对象，用于创建LineReader
    private FSDataInputStream fileIn;
    // 用于保存key的序列化对象
    private LongWritable key=new LongWritable();
    // 用于保存值的序列化对象
    private Text value=new Text();
```

图 6-33 定义读写操作变量

在 initialize 方法中，对以上变量进行初始化，核心代码如图 6-34 所示。

```
/**
 * 读取的分片对象作为参数自动被传入到initialize方法中
 */
@Override
public void initialize(InputSplit split, TaskAttemptContext context) throws IOException,
InterruptedException {
    //由于读取的是文件，因此强制转换为FileSplit
    FileSplit fsplit = (FileSplit) split;
    // 设置开始位置
    start = fsplit.getStart();
    // 设置结束位置
    end = start + fsplit.getLength();
    // 通过FileSystem对象实例化FSDataInputStream
    Configuration conf = context.getConfiguration();
    Path path = fsplit.getPath();
    FileSystem fs = path.getFileSystem(conf);
    fileIn = fs.open(path);
    // 通过FSDataInputStream对象实例化LineReader
    in = new LineReader(fileIn);
    // 将读取点移动到开始位置
    fileIn.seek(start);
    if(start!=0){
        start += in.readLine(new Text(),0,
                (int)Math.min(Integer.MAX_VALUE, end-start));
    }
    //将当前位置设置为开始位置
    pos = start;
}
```

图 6-34 initialize 方法核心代码

在 nextKeyValue 方法中，进行过滤，1970 年之前的数据将不会被传入 map 方法中，核心代码如图 6-35 所示。

```java
@Override
public boolean nextKeyValue() throws IOException, InterruptedException {
    // 判断当前位置，读取超过结束位置则停止读取
    if (pos > end) {
        return false;
    }
    // 循环读取数据，解析读取的数据，如果是1970年之前的则不保存到值对象中
    while(true) {
        pos += in.readLine(value);
        if (value.getLength() == 0) {
            return false;
        }
        String[] fields = value.toString().split(",");
        int year = Integer.parseInt(fields[0]);
        if(year<1970){
            continue;
        }
        key.set(pos);
        return true;
    }
}
```

图 6-35　nextKeyValue 方法核心代码

实现 getCurrentKey 和 getCurrentValue 方法，核心代码如图 6-36 所示。

```java
@Override
public LongWritable getCurrentKey() throws IOException, InterruptedException {
    // 在nextKeyValue方法中已经赋值好了值，因此直接返回即可
    return key;
}

@Override
public Text getCurrentValue() throws IOException, InterruptedException {
    // 在nextKeyValue方法中已经赋值好了值，因此直接返回即可
    return value;
}
```

图 6-36　getCurrentKey 和 getCurrentValue 方法核心代码

将以上代码添加到示例 2 或 3 中，然后在 main 方法中设置 InputFormat 的 class 即可，核心代码如图 6-37 所示。

```java
public static void main(String[] args) throws Exception {
    Configuration conf = new Configuration();
    Job job = Job.getInstance(conf);

    job.setJarByClass(SkipFormerly.class);
    job.setMapOutputKeyClass(Text.class);
    job.setMapOutputValueClass(IntWritable.class);
    job.setOutputKeyClass(Text.class);
    job.setOutputValueClass(IntWritable.class);

    job.setMapperClass(MyMapper.class);
    job.setReducerClass(MyReducer.class);
    job.setCombinerClass(MyReducer.class);
    job.setNumReduceTasks(3);
    job.setPartitionerClass(Mypartitioner.class);
    job.setInputFormatClass(MyInputFormat.class);

    FileInputFormat.setInputPaths(job, new Path(args[0]));
    FileOutputFormat.setOutputPath(job, new Path(args[1]));

    System.out.println(job.waitForCompletion(true));
}
```

图 6-37　main 方法核心代码

运行后的最终输出结果中，不会存在分区之前的数据了。

## 本章小结

本章主要介绍了 MapReduce 的处理过程，以及 shuffle、本地化等相关概念，加强对这些概念的理解有助于我们学习其他的大数据技术（如 Spark、Hive、HBase 等）的学习。之后还通过一个示例程序让我们了解了 MapReduce 程序的基本开发流程。需要掌握的是 Mapper 和 Reducer 类以及其他一些有用的开发接口，如 Combiner、Partitioner、InputFormat 和 OutputFormat 等的使用。本章在最后的一个实际案例中介绍了这些接口的实际用途，此外还介绍了 YARN 对 MapReduce 的资源分配过程。

## 习题

一、填空题

1. MapReduce 执行过程中，数据都是以_____、_____的形式进行传递的。
2. 在 MapReduce 中，哪个 key 被分配到哪个 Reducer 是由_____来管理的。
3. 整个 MapReduce 作业的资源分配是由_____来管理的。

二、简答题

1. 简述 MapReduce 的执行过程。
2. 简述 shuffle 过程。
3. 简述本地化的含义。
4. 简述数据分片过程。
5. 简述 YARN 的 MapReduce 的资源分配过程。
6. 简述 InputFormat 和 OutputFormat 的作用。

# 07 第7章　Hadoop的I/O操作

**学习目标**
- 了解 I/O 操作中的数据完整性
- 了解 I/O 操作中的数据压缩
- 掌握 Hadoop Writable 序列化接口的使用方法
- 掌握 Hadoop 常用序列化接口的作用
- 掌握 Hadoop 基于文件的数据结构

　　本章的内容主要是 Hadoop 集群在进行大数据处理时数据的 I/O 问题。传统的 I/O 操作数据集往往是集中的，数据量也相对较小。而 Hadoop 系统中所处理的数据分布在不同的节点上，数据量也通常达到了 PB 级别。因此，在 Hadoop 环境中的 I/O 操作需要考虑以下问题。

　　（1）数据在多节点之间传输、存储的出错问题，因此必须进行数据完整性的校验。

　　（2）大文件在传输和存储时，磁盘容量不足和传输速率的问题，因此需要进行文件压缩。

　　（3）数据在节点间进行传输及存储时的序列化问题。

　　（4）Hadoop 被设计为适合于大文件的读写，而小文件的读写效率较低，因此需要专门的传输与存储方案。

　　下面针对以上提出的问题对 Hadoop 的 I/O 操作进行详细介绍。

## 7.1　I/O 操作中的数据完整性检查

I/O 操作中的数据完整性检查

　　Hadoop I/O 操作时进行数据完整性检查主要是在两个阶段进行，分别是将本地数据上传到 HDFS 集群时和将 HDFS 集群数据读取到本地时。常用的错误检测方法是 CRC-32（循环冗余校验），使用 CRC-32 算法能将任意大小的数据计算得出一个 32 位的校验码,通过匹配传输校验码就可以判断数据是否损坏。

本地文件上传到 HDFS 集群时,会使用 CRC-32 算法对本地文件进行计算并生成一个 CRC 校验文件。在将本地文件上传到 HDFS 集群的时候,会将产生的 CRC 文件一起写入 HDFS 集群中。在 HDFS 集群接收到数据以后也会产生一个校验文件和本地的校验文件进行比较,如果相同则会存储,如果不相同则不存储。

从 HDFS 集群读取数据时,DataNode 会对本地的数据使用 CRC-32 算法产生一个校验文件和最开始写入数据一起上传上来的校验文件进行对比。如果不相同说明数据已经损坏,DataNode 向 NameNode 报告数据已经损坏。同时 NameNode 会通知客户端这个数据块已经损坏,需要寻找其他数据块副本。

除此之外,DataNode 也会定期检测所有本地数据块的完整性。

默认情况下,HDFS 会为每一个固定长度的数据执行一次校验和,这个长度由 io.bytes.per.checksum 参数指定,默认是 512 字节。如果对系统性能造成的损耗较大,则可以对这个参数进行修改。同时也可以通过 fs.file.impl 参数来启用或者禁用校验功能,配置如下所示。

```
<property>
    <name>fs.file.impl</name>
    <value>org.apache.hadoop.fs.LocalFileSystem</value>
    <description> 支持验证校验和</description>
</property>
<property>
    <name>fs.file.impl</name>
    <value>org.apache.hadoop.fs.RawLocalFileSystem</value>
    <description> 不支持验证校验和</description>
</property>
```

## 7.2 I/O 操作中的数据压缩

I/O 操作中的数据压缩

Hadoop 处理与存储数据经常受到磁盘 I/O 的影响,压缩数据可以进行改善,一方面可以缩小文件存储空间,另一方面可以提高传输速率。但需要注意的是数据压缩会带来额外的 CPU 开销,因此在使用压缩时尽量遵循以下原则。

(1)运算密集任务尽量少用压缩。

(2)I/O 密集任务推荐使用压缩。

### 7.2.1 压缩算法

压缩算法的实现被称为 Codec,是 Compressor/Decompressor(压缩/解压缩)的简写。不同的压缩算法性能不同,并不是性能越高越好,需要有一个取舍的过程。常见的压缩算法如表 7-1 所示。

表 7-1　　　　　　　　　　　常见压缩算法

| 压缩算法 | 压缩编码/解码器 |
|---|---|
| DEFLATE | org.apache.hadoop.io.compress.DeflateCodeC |
| gzip | org.apahce.hadoop.io.compress.GzipCodeC |
| bzip2 | org.apache.hadoop.io.compress.bzip2CodeC |
| LZO | com.apache.hadoop.compression.lzoCodeC |

这些编码/解码器均实现了 CompressionCodec 接口，不同压缩算法的异同点如表 7-2 所示。

表 7-2　　　　　　　　　　　压缩算法的异同点

| 压缩算法 | 命令行工具 | 算法 | 文件扩展名 | 可分割性 |
|---|---|---|---|---|
| DEFLATE | 无 | DEFLATE | .deflate | 不可分割 |
| gzip | gzip | DEFLATE | .gz | 不可分割 |
| bzip2 | bzip2 | bzip2 | .bz2 | 可分割 |
| LZO | Lzop | LZO | .lzo | 不可分割 |

可分割性对于 MapReduce 来说是非常重要的，MapReduce 需要对数据进行预先的分片，这意味着需要定位到文件的任意位置并进行读取。前面提到了压缩方法的权衡选择，由于 CPU 处理效率的固定，必须对压缩的时间和空间进行平衡，其中 gzip 对时间和空间的处理较为平衡，bzip2 压缩效率较高，但时间较慢，LZO 压缩速度快，但压缩效率低一些。

## 7.2.2　压缩和解压缩

要对一个文件进行压缩需要编码器，而对一个压缩文件进行解压也需要解码器。获取编码/解码器的方式有以下两种。

（1）根据扩展名让程序自己去选择相应的编码/解码器。

（2）自己去指定编码/解码器。

如果想对正在被写入一个输出流的数据进行压缩，可以使用 createOutputStream(OutputStream out) 方法创建一个 CompressionOutputStream（未压缩的数据将被写到此），将其以压缩格式写入底层的流；如果想对从输入流读取来的数据进行解压缩，则可调用 createInputStream(InputStream in) 方法，从而获得一个 CompressionInputStream，从底层的流读取未压缩的数据。

下面通过一个案例来演示如何将本地文件压缩后上传到 HDFS 集群，核心代码如下所示。

```
Configuration conf = new Configuration();
CompressionCodec codec =(CompressionCodec)ReflectionUtils.newInstance(
    org.apache.hadoop.io.compress.BZip2Codec.class, conf);
FileInputStream in = new FileInputStream(new File("/home/mu/hello.txt"));
FileSystem fs = FileSystem.get(conf);
FSDataOutputStream out =
    fs.create(new Path("/hello"+codec.getDefaultExtension()));
CompressionOutputStream createOutputStream =
    codec.createOutputStream(out);
IOUtils.copyBytes(in, createOutputStream, 1024*1024*5);
in.close();
```

```
                createOutputStream.close();
```

执行后结果如下：

```
-rw-r--r--   3 mu supergroup        59 2019-12-10 23:22 /hello.bz2
```

可以看到最终的执行结果，该文件被压缩成了 bz2 格式的文件。

当仅仅需要处理一种特定格式的压缩文件时，可以简单地根据这个压缩文件的扩展名决定使用哪个 Codec 进行数据读取，当应用程序需要兼容多种压缩格式时，就需要有一种机制根据压缩文件扩展名透明地选取合适的 Codec。这时可以使用 CompressionCodecFactory 方法来推断 CompressionCodecs。具体示例如下。

```
CompressionCodecFactory factory = new CompressionCodecFactory(conf);
CompressionCodec codec = factory.getCodec(inputPath);
```

## 7.3 Hadoop I/O 序列化接口

Hadoop I/O 序列化接口

### 7.3.1 序列化概述

Hadoop 集群中各节点进程间的通信都是通过"RPC"进行的，而"RPC"则将消息进行序列化后再进行传输。那么我们首先要明白什么是序列化。

序列化（Serialization）是指将结构化的对象转化为字节流，以便在网络上传输或者写入硬盘进行永久存储；而反序列化（Deserialization）是指将字节流转回到结构化对象的过程。

Java 本身有自己的序列化机制，可以通过 java.io.Serializable 接口来实现，但 Java 本身的序列化机制过于复杂，而 Hadoop 的工作场景需要的序列化要快、体积要小、带宽要小。因此 Hadoop 实现了自己的一套更加简洁、高效的序列化机制。

### 7.3.2 Hadoop 序列化

在 Hadoop 中，Mapper、Combiner、Reducer 等阶段之间的通信都需要使用序列化与反序列化技术。序列化是 Hadoop 核心的一部分，在 Hadoop 中，位于 org.apache.hadoop.io 包中的 Writable 接口是 Hadoop 序列化格式的实现。

1. Writable 接口

需要注意的是，Hadoop 中的键（key）和值（value）必须是实现了 Writable 接口的对象（键还必须实现 WritableComparable，以便进行排序）。

以下是 Hadoop 中 Writable 接口的声明。

```
public interface Writable {
    /**
     * Serialize the fields of this object to <code>out</code>.
     *
     * @param out <code>DataOutput</code> to serialize this object into.
     * @throws IOException
```

```
     */
    void write(DataOutput out) throws IOException;

    /**
     * Deserialize the fields of this object from <code>in</code>.
     *
     * <p>For efficiency, implementations should attempt to re-use storage in
     * the existing object where possible.</p>
     *
     * @param in <code>DataInput</code> to deserialize this object from.
     * @throws IOException
     */
    void readFields(DataInput in) throws IOException;
}
```

可以看到，Write 方法负责将结构化对象转化为字节流，readFields 方法负责将字节流转化为结构化对象。

在 Hadoop 中常见的 Java 类型大多都有对应的序列化接口，这些类型均使用了 Writable 接口进行封装。我们可以使用这些类内置的 get 和 set 方法来进行取值或赋值操作，也可以通过表 7-3 将 Hadoop 的序列化接口和 Java 基本类型进行一一对应。

表 7-3　　　　　　Hadoop 序列化接口与 Java 基本类型的对应关系

| Java 基本类型 | Writable 实现 | 序列化大小/字节 |
| --- | --- | --- |
| boolean | BooleanWritable | 1 |
| byte | ByteWritable | 1 |
| short | ShortWritable | 2 |
| int | IntWritable | 4 |
| int | VIntWritable | 1~5 |
| float | FloatWritable | 4 |
| long | LongWritable | 8 |
| long | VLongWritable | 1~9 |
| double | DoubleWritable | 8 |

表 7-3 中的 VintWritable 和 VlongWritable 为变长格式，对整数进行编码时，有两种选择，即定长格式和变长格式。如果需要编码的数值在 127 和 -127 之间，变长格式就是只用一个字节进行编码，否则第一个字节内容便是数值的正负和后跟多少个字节。在数据大小分布不均匀的情况下，使用变长格式会极大地节省空间。

2. WritableComparable 接口

WritableComparable 继承自 Writable 和 java.lang.Comparable 接口，是一个 Writable 也是一个 Comparable。因此继承该接口的序列化接口是可以比较的，它的源码如下所示。

```
    public interface WritableComparable<T> extends Writable, Comparable<T> {
    }
```

WritableComparable 接口的实现类有 BooleanWritable、BytesWritable、ByteWritable、

DoubleWritable、FloatWritable、IntWritable、LongWritable、MD5Hash、NullWritable、Record、RecordTypeInfo、Text、VIntWritable、VLongWritable。

下面介绍几个典型的 Hadoop 序列化接口的使用方法。

（1）Text 类型

一般认为其与 java.lang.String 的 Writable 等价，Text 使用整型（通过变长编码的方式）来存储字符串编码中所需的字节数，因此其最大值为 2GB。另外，Text 使用标准 UTF-8 编码，这使之能够更简便地与其他理解 UTF-8 编码的工具进行交互操作。

Text 对象的 charAt 方法返回的是当前位置字符对应的 Unicode 编码的位置，String 对象返回的是当前位置对应的字符（char 类型）。

```
public int charAt(int position) {
  if (position > this.length) return -1;
  if (position < 0) return -1;

  ByteBuffer bb = (ByteBuffer)ByteBuffer.wrap(bytes).position(position);
  return bytesToCodePoint(bb.slice());
}
```

Text 类的 find 方法返回的是当前位置的字节偏移量。

Text 类并不像 java.lang.String 类那样有丰富的字符串操作 API。所以，在多数情况下需要将 Text 对象转换成 String 对象。这一转换通常通过调用 toString 方法实现。

下面通过一个示例对 java.lang.String 类与 Text 类进行比较，示例核心代码如下。

```
public class stringcomparetotext {

    public static void main(String[] args) throws UnsupportedEncodingException {
        // TODO Auto-generated method stub
        String s= "hello world";
        Text t=new Text("hello world");
        System.out.println("String:"+s);
        System.out.println(s.length());
        System.out.println(s.indexOf("h"));
        System.out.println(s.charAt(0));
        System.out.println("Text:"+t);
        System.out.println(t.getLength());
        System.out.println(t.find("h"));
        System.out.println(t.charAt(0));
    }
}
```

运行结果如下所示。

```
String:hello world
11
0
h
Text:hello world
```

```
11
0
104
```

**（2）IntWritable 类型**

IntWritable 类型是对 Java 基本类型 int 进行 Writable 封装后的类型。可使用 set 方法设置值，使用 get 方法获取值。

**（3）NullWritable 类型**

NullWritable 的序列化长度为 0，它既不从数据流中读取数据也不向数据流中写数据。在不需要使用键值的情况下可使用该类型进行占位。

**（4）ObjectWritable 类型**

ObjectWritable 是一种多用途的封装，它可以指向 Java 基本类型、字符串、枚举、Writable、空值。它使用 Hadoop 的 RPC 来封装和反封装方法的参数及返回类型。

例如，当一个字段需要使用多种类型时，ObjectWritable 是一个绝佳选择。它如同 Java 的 Object 一样，可以指向它的任何子类，如下示例代码所示。

```java
public class TestObjectWritable {
  public static void main(String[] args) throws IOException {
    Text text=new Text("hello world");
    ObjectWritable objectWritable=new ObjectWritable(text);
  }
}
```

但是该类型占用空间较大，作为代替方法，可以使用 GenericWritable 类型。

**（5）GenericWritable 类型**

使用 GenericWritable 时，只需继承于它，并通过重写 getTypes 方法指定哪些类型需要支持即可。

## 7.4 自定义序列化类

自定义序列化类

前面已经讲过，Hadoop 序列化类首先需要实现 Writable 接口。自定义序列化类也不例外，同时实现自定义的序列化类需要注意以下事项。

（1）Writable 的序列化方法必须重写，重写序列化方法时写入和读取的顺序必须完全一样。

（2）必须要有无参构造方法，因为反序列化时需要反射调用无参构造方法。

（3）如果有写入文件的需求，则需要实现 toString 方法。

（4）如果有排序的需求，则需要实现 compareTo 方法。

下面示例中自定义序列化类实现了使用一个序列化对象传输多个数据的方法，核心代码如下。

```java
public class MyWri implements WritableComparable<wriBean>{
    private long num1;
    private long num2;
    public MyWri (){}
    public void set(long num1,long num2){
        this. num1= num1;
        this. num2= num2;
    }
    public long get (){
        return num1;
    }
    @Override
    public void readFields(DataInput in) throws IOException {
        num1 = in.readLong();
        num2 = in.readLong();

    }
    @Override
    public void write(DataOutput out) throws IOException {
        out.writeLong(num1);
        out.writeLong(num2);
    }
    @Override
    public String toString() {
        return num1+ "\t" + num2;
    }
    @Override
    public int compareTo(MyWri arg0) {
        // TODO Auto-generated method stub
        return this. num1>arg0.get()?1:-1;
    }
```

## 7.5 基于文件的数据结构

### 7.5.1 SequenceFile

对于日志文件来说，纯文本不适合记录二进制类型的数据，通过 SequenceFile 为二进制键-值对提供了持久的数据结构，将其作为日志文件的存储格式时，可自定义键（LongWritable）和值（Writeable 的实现类）的类型。

多个小文件在进行计算时需要开启很多进程，所以采用容器文件 SequenceFile 按固定大小将多个小文件包装起来，可使存储和处理更高效。

SequenceFile 的存储类似 Log 文件，如图 7-1 所示。SequenceFile 的每条记录都是可序列化的字符数组。

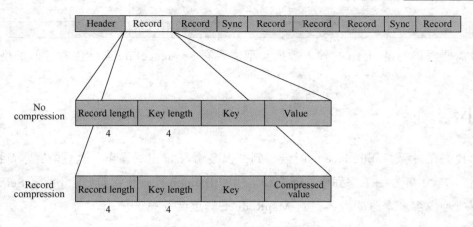

图 7-1　SequenceFile 的存储格式

其中，Header 主要包含了 Key classname、Value classname、存储压缩算法、用户自定义元数据等信息，此外还包含了一些同步标识，用于快速定位到记录的边界。每条 Record 都以键-值对的方式进行存储，用来表示它的字符数组可依次解析成：记录的长度、Key 的长度、Key 值和 Value 值，并且 Value 值的结构取决于该记录是否被压缩。

数据压缩有利于节省磁盘空间和加快网络传输，SeqenceFile 支持两种格式的数据压缩：记录压缩（Record Compression）和数据块压缩（Block Compression）。

SequenceFile 的存储使用 SequenceFile.Writer 完成新记录（Record）的添加。使用 SequenceFile.Reader 完成记录的读取。写入和读取示例如下。

```
Configuration conf=new Configuration();
FileSystem fs=FileSystem.get(conf);
Path seqFile=new Path("seqFile.seq");
SequenceFile.Writer writer = SequenceFile.createWriter(conf, Writer.file
(seqFile), Writer.keyClass(Text.class),
Writer.valueClass(Text.class));
writer.append(new Text("key"), new Text("value"));
IOUtils.closeStream(writer);
Text key = new Text();
Text value = new Text();
SequenceFile.Reader reader = new SequenceFile.Reader(conf, Reader.file(seqFile));
while(reader.next(key,value)){
    System.out.println(key);
    System.out.println(value);
}
IOUtils.closeStream(reader);
```

## 7.5.2　SequenceFileInputFormat

如果 MapReduce 需要处理 SequenceFile 类型的数据，需要指定 SequenceFileInputFormat 处理。添加代码如下。

```
job.setInputFormatClass(SequenceFileInputFormat.class);
```

输出设置如下。

```
job.setOutputFormatClass(SequenceFileOutputFormat.class);
```

同时需要明确的是,map 的输入数据类型需要同 SequenceFile 文件中的键值类型相匹配。

## 本章小结

之前我们在讲解 MapReduce 的时候遇到了很多输入/输出的操作,这些内容本章都进行了详细介绍。本章主要介绍了序列化的概念和常用的 Hadoop 序列化接口,还介绍了 SequenceFile 的读写方式等内容。本章的内容是对 MapReduce 的重要补充。

## 习题

一、选择题

1. Writable 接口中将结构化对象转换字节流的方法为(　　)。

    A. write  　　　　B. readFields  　　　　C. writeFields  　　　　D. read

2. SequenceFile.Writer 完成新记录的添加的方法为(　　)。

    A. write  　　　　B. new  　　　　C. append  　　　　D. add

二、简答题

列举 Java.lang.String 和 Text 类型的区别。

三、编程题

实现自定义序列化类,要求该类可以实现以下数据的序列化。

| 编号 | 姓名 | 年龄 |
| --- | --- | --- |
| String | String | Byte |

# 第8章 Hadoop 3.x的新特性

**学习目标**
- 了解 Hadoop 3.x 版本的发展历程
- 了解 Hadoop 3.x 采用的 EC 技术的特性
- 了解 NameNode 和 DataNode 内部负载均衡机制
- 了解 Hadoop 3.x 区别于 Hadoop 2.x 的其他新特性

经过十几年的发展，Hadoop 已经成为大数据存储和处理领域应用最广泛的平台框架。从 Hadoop 1.0 到 Hadoop 2.0，再到如今的 3.x 版本，Hadoop 经过了很多次的版本改进和发展。2017 年发布的 Apache Hadoop 3.0.0 GA 在以前的主要发行版本（Hadoop 2.x）的基础上进行了许多重大改进。本章将围绕 Hadoop 3.x 的发展历程、Hadoop 3.x 区别于 Hadoop 2.x 的新特性及新功能进行讲解。

## 8.1 Hadoop 3.x 概述

Hadoop 3.x 概述

过去十多年，Apache Hadoop 从无到有，从理论概念演变到如今支撑起若干大数据存储和处理分析的生产集群。Hadoop 被公认是一套行业大数据标准开源软件，它在分布式环境下提供了海量数据的处理能力。绝大多数主流厂商都围绕 Hadoop 开发工具、开源软件、商业化工具和技术服务。Hadoop 将会继续壮大，并发展支撑新一轮更大规模、高效和稳定的集群。

2017 年 12 月，Apache Hadoop 3.0.0 GA 版本正式发布，从此可以正式在线上使用 Hadoop 3.0.0 了。这个版本是 Apache Hadoop 3.0.0 的第一个稳定版本，它相比之前的版本有很多重大的改进。Hadoop 3.x 中引入了一些重要的功能和优化，包括 HDFS 可擦除编码、多 NameNode 支持、MR Native Task 优化、YARN 基于 cgroup 的内存和磁盘 I/O 隔离、YARN container resizing 等。Hadoop 3.x 以后会调整方案架构，将 MapReduce 基于内存+I/O+磁盘，共同处理数据。其实改变最大的是 HDFS，HDFS 通过数据块计算，根据最近计算原则，本地数据块加入内存，先计算，通过 I/O 共享内存计算区域，最后快速形成计算结果。改进后的 Hadoop 3.x 速度甚至比 Spark 快很多倍。

## 8.2 Hadoop 3.x 的改进

### 8.2.1 JDK 升级

Hadoop 3.x 和 Hadoop 2.x 所依赖的 JDK 版本不同。Hadoop 2.x 版本是基于 JDK 1.7 进行编译的，而 Hadoop 3.x 所有的 Hadoop JARs 都是针对 JDK 1.8 及以上版本编译的。仍在使用 JDK 1.7 或更低版本的用户必须升级至 Java 8 及以上版本，方可安装和使用 Hadoop 3.x。JDK 升级相关的改变如图 8-1 所示。

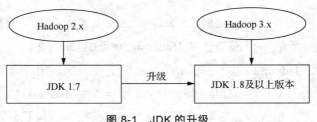

图 8-1　JDK 的升级

### 8.2.2 EC 技术

EC（Erasure Coding，纠删码）技术是一种数据保护技术，最早用于通信行业数据传输中的数据恢复，是一种编码容错的技术。EC 技术通过在原始数据中加入新的校验数据，使得各个部分的数据产生关联性。当一部分数据块丢失时，可以通过剩余的数据块（Data）和校验块（Parity）计算出丢失的数据，然后使用 EC 技术进行数据恢复。

HDFS 3.x 很多改进采用了 EC 技术，且支持数据的擦除编码，这使 HDFS 在不降低可靠性的前提下，能够节省一半的存储空间。EC 技术可以防止数据丢失，又可以解决 HDFS 存储空间翻倍的问题。

Reed-Solomon（里德-所罗门，RS）码是存储系统较为常用的一种纠删码，它有两个参数 k 和 m，记为 RS(k,m)。例如，k 个数据块组成一个向量，乘一个生成矩阵（Generator Matrix，GT），从而得到一个码字（Codeword）向量，该向量由 k 个数据块和 m 个校验块构成。如果一个数据块丢失，可以用 GT-1 再乘码字向量来恢复丢失的数据块。RS(k,m)最多可容忍 m 个块（包括数据块和校验块）丢失。RS 纠删码的基本原理如图 8-2 所示。

例如，有 7、8、9 三个原始数据，通过矩阵乘法，计算出两个校验数据 50、122。这时原始数据加上校验数据，一共五个数据：7、8、9、50、122，可以任意丢两个，然后通过算法进行恢复。校验码计算过程如图 8-3 所示。

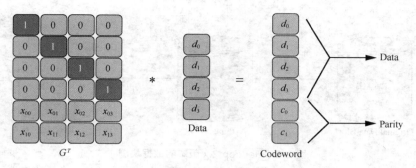

图 8-2　RS 纠删码的基本原理

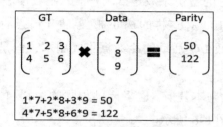

图 8-3　校验码计算过程

在存储系统中，EC 最显著的用途是独立冗余磁盘阵列（Redundant Array of Independent Disk，RAID）。RAID 通过条形布局（Striping Layout）实现 EC，条（Stripe）是由若干个相同大小的单元（Cell）构成的序列。文件数据被依次写入条的各个单元中，当一个条写满之后再写入下一个条，一个条的不同单元位于不同的数据块中。这种分布方式称为条形布局。对于原始数据单元的每个条形，都会计算并存储一定数量的奇偶校验单元，这个过程就称为编码。我们可以通过基于剩余数据和奇偶校验单元的解码计算来恢复任何条形单元上的错误。条形布局结构如图 8-4 所示。

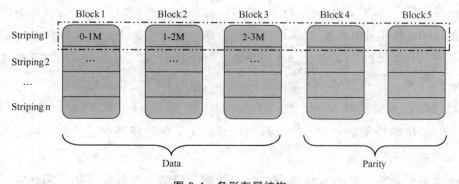

图 8-4　条形布局结构

将 EC 与 HDFS 集成可以提高存储效率，同时仍提供与传统的基于复制的 HDFS 部署类似的数据持久性。例如，一个具有 6 个块的 3 份复制文件将占用 6×3（18）个磁盘空间。但是使用 EC（6 个数据，3 个奇偶校验）部署时，它仅会占用 9 个磁盘空间块，这些与原先的存储空间相比，节省了 50% 的存储开销。Hadoop 2.x 中复制的早期场景如图 8-5 所示。

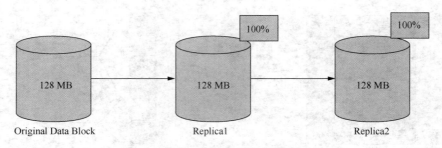

图 8-5 Hadoop 2.x 版本的数据块副本

HDFS 在默认情况下，它的备份系数是 3，一个原始数据块和其他 2 个副本。其中 2 个副本所需要的存储开销各占 100%，这样的 200% 的存储开销会消耗其他资源，比如网络带宽。在正常操作中很少访问具有低 I/O 活动的冷数据集的副本，但是仍然消耗与原始数据集相同的资源量。

EC 技术可以代替 HDFS 副本复制，这将提供相同的容错机制，同时还减少了存储开销。基于 EC 技术的存储结构如图 8-6 所示。

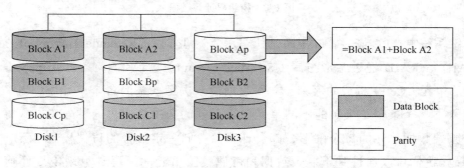

图 8-6 基于 EC 技术的存储结构

纠删码对集群在 CPU 和网络方面提出了其他要求。编码和解码工作会消耗 HDFS 客户端和 DataNode 上的额外 CPU。擦除编码文件也分布在整个机架上，以实现机架容错。这意味着在读写条形结构文件时，大多数操作都是在机架上进行的。因此，网络二等分带宽非常重要。对于机架容错，具有至少与配置的 EC 条形宽度一样多的机架也很重要。对于 EC 策略 RS(6,3)，这意味着最少要有 9 个机架，理想情况下是 10 或 11 个机架，以处理计划内和计划外的中断。对于机架少于条带宽度的集群，HDFS 无法保持机架容错，但仍将尝试在多个节点之间分布条形化文件以保留节点级容错。

由于擦除编码需要在执行远程读取时，对数据重建带来额外的开销，因此它通常用于存储不太频繁访问的数据。在部署 EC 之前，用户应该考虑 EC 的所有开销，如存储、网络、CPU 等。

### 8.2.3 YARN 优化

Hadoop 3.x 引入了 YARN Timeline Service（YARN 时间轴服务）v.2，它是继 v.1 和 v.1.5

之后的下一个主要迭代。创建 v.2 是为了应对 v.1 的两个主要挑战：提高时间轴服务的可伸缩性和可靠性、通过引入流和聚合来增强可用性。

YARN 优化

v.1 仅限于写入器/读取器和存储的单个实例，并且无法很好地扩展到小型集群之外。v.2 使用更具扩展性的分布式写入器体系结构和可扩展的后端存储。YARN 时间轴服务 v.2 将数据的收集（写入）与数据的提供（读取）分开。它使用分布式收集器，每个 YARN 应用程序实质上是一个收集器。读取器是专用于通过 REST API 服务查询的单独实例。YARN 时间轴服务 v.2 选择 Apache HBase 作为主要的后备存储，因为 Apache HBase 可以很好地扩展到较大的存储，同时保持良好的读写响应时间。在许多情况下，用户对 YARN 应用程序的"流"级别或逻辑组级别的信息感兴趣。启动一组或一系列 YARN 应用程序以完成逻辑应用程序更为常见。时间轴服务 v.2 明确支持流的概念。它支持流级别的汇总数据。图 8-7 展示了不同 YARN 应用之间的流关系。

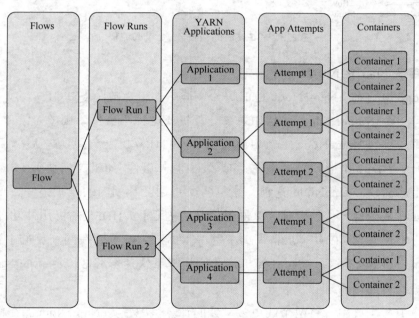

图 8-7　不同 YARN 应用之间的流关系

YARN 时间轴服务 v.2 使用一组收集器（写入器）将数据写入后端存储。收集器与专用的应用程序主机一起分布并位于同一位置。属于该应用程序的所有数据都将发送到应用程序级时间轴收集器，资源管理器时间轴收集器除外。对于给定的应用程序，应用程序主服务器可以将应用程序的数据写入位于同一位置的时间轴收集器（在此版本中是 NM 辅助服务）。此外，其他正在运行应用程序容器的节点管理器也将数据写入运行应用程序主机的节点上的时间轴收集器上。资源管理器还维护自己的时间轴收集器。它仅发出 YARN 通用生命周期事件，以保持其合理的写入量。时间轴阅读器是与时间轴收集器分开的单独的守护程序，它们专用于通过 REST API 提供查询。图 8-8 从高层次说明了该设计。

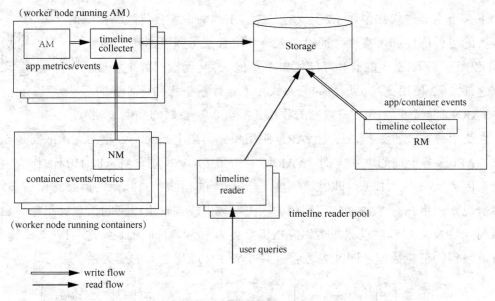

图 8-8　YARN 时间轴服务 v.2 读写流程

## 8.2.4　支持多 NameNode

支持多 NameNode

在 Hadoop 2.0 之前，NameNode 是 HDFS 集群中的单点故障（SPOF）。每个集群只有一个 NameNode，并且如果该计算机或进程不可用，则整个集群将不可用，直到 NameNode 重新启动或在单独的计算机上启动。这从两个方面影响了 HDFS 集群的总可用性：如果发生意外事件（如机器崩溃），则在操作员重新启动 NameNode 之前，集群将不可用。计划内的维护事件，如 NameNode 计算机上的软件或硬件升级，将导致集群停机时间的延长。HDFS 高可用性功能可通过提供以下方式解决上述问题：在具有热备用的主动/被动配置中，可以在同一集群中运行两个（或更多）冗余 NameNode。这可以在计算机崩溃的情况下快速转移故障到新的 NameNode，或出于计划维护的目的由管理员发起正常的故障转移。

在典型的 HA 集群中，将两个或更多单独的计算机配置为 NameNode。在任何时间点，一个 NameNode 都恰好处于 Active 状态，其他 NameNode 处于 Standby 状态。Active NameNode 负责集群中的所有客户端操作，而 Standby 只是充当从属，并保持足够的状态以在必要时提供快速故障转移。

为了使备用节点保持其状态与活动节点同步，当前的实现要求这些节点有权访问共享存储设备上的目录（例如，来自 NAS 的 NFS 挂载）。在将来的版本中，可能会放宽此限制。当活动节点执行任何命名空间修改时，它会持久地将修改记录到存储在共享目录的编辑日志文件中。备用节点一直在监视此目录中的编辑，并且在看到编辑时，会将它们应用于自己的命名空间。发生故障转移时，备用服务器将确保在其自身升级为活动状态之前，已从共享存储中读取了所有编辑内容。这样可确保在发生故障转移之前，命名空间状态已完全同步。

为了提供快速的故障转移，备用节点还必须具有有关集群中块位置的最新信息。为了实现这一点，DataNode 配置了所有 NameNode 的位置，并向所有 NameNode 发送块位置信息和心跳。

对于 HA 集群的正确操作至关重要，一次只能有一个 NameNode 处于活动状态。否则，命名空间状态将在两者之间迅速分散，从而有数据丢失或其他不正确结果的风险。管理员必须为共享存储配置至少一种防护方法。在故障转移期间，如果无法验证先前的活动节点已放弃其活动状态，则隔离过程负责切断先前的活动节点对共享编辑存储的访问。这样可以防止对命名空间进行任何进一步的编辑，从而使新的 Active 可以安全地进行故障转移。

在实际生产环境下，关键业务部署需要更高程度的容错性。在 Hadoop 3 中允许用户运行多个备用的 NameNode。例如，通过配置 3 个 NameNode（1 个 Active NameNode 和 2 个 Standby NameNode）和 5 个 JournalNodes 节点，集群可以容忍 2 个 NameNode 故障。多 NameNode 集群架构如图 8-9 所示。

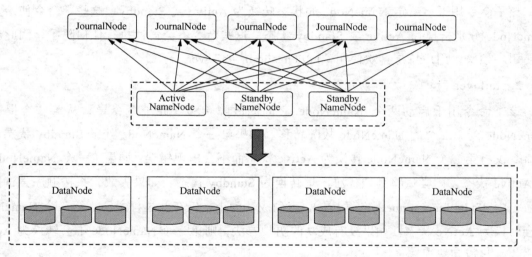

图 8-9 多 NameNode 集群架构

为了部署 HA 集群，应该具备以下两个条件。

（1）NameNode 计算机：运行 Active NameNode 和 Standby NameNode 的计算机应具有彼此等效的硬件，以及与非 HA 集群中将使用的硬件相同的硬件。

（2）共享存储：NameNode 需要具有读/写访问权限的共享目录。通常，这是一个支持 NFS 的远程文件管理器，且安装在每台 NameNode 计算机上。当前仅支持一个共享的 edits 目录。因此，系统的可用性受到此共享编辑目录的可用性的限制，为了消除所有单点故障，共享编辑目录需要冗余。因此，建议共享存储服务器是高质量的专用 NAS 设备，而不是简单的 Linux 服务器。

Hadoop HA 高可用的安装部署详细步骤请见第 3 章。安装高可用 Hadoop 集群后，在 HA NameNode 已配置并启动的情况下，可以使用命令管理 HA HDFS 集群。这些 HA HDFS 管理命令是以"hdfs haadmin"开头的所有子命令。在不使用任何其他参数的情况下运行 hdfs haadmin 命令将显示以下用法信息。

```
hdfs haadmin [-ns <nameserviceId>]
    [-transitionToActive <服务 Id>]
    [-transitionToStandby <服务 Id>]
    [-failover [--forcefence] [--forceactive] <服务 Id> <服务 Id>]
    [-getServiceState <服务 Id> ]
    [-getAllServiceState]
    [-checkHealth <serviceId>]
    [-help <命令>]
```

有关每个子命令的特定用法信息，用户可以运行"hdfs haadmin -help <命令>"进行查看。具体每个子命令的功能如下。

1. transitionToActive 和 transitionToStandby

该子命令用于将给定 NameNode 的状态转换为 Active 或 Standby，这些子命令使给定的 NameNode 分别转换为 Active 或 Standby 状态。这些命令不会尝试执行任何防护，因此应很少使用。相反，用户总是喜欢使用"hdfs haadmin -failover"子命令。

2. failover

该子命令用于启动两个 NameNode 之间的故障转移。此子命令导致从第一个提供的 NameNode 到第二个的 NameNode 故障转移。如果第一个 NameNode 处于 Standby 状态，则此命令仅将第二个 NameNode 转换为 Active 状态而不会出现错误。如果第一个 NameNode 处于 Active 状态，则尝试将其"优雅"地转换为 Standby 状态。如果失败，将按顺序尝试防护方法（由 dfs.ha.fencing.methods 配置），直到成功为止。仅在此过程之后，第二个 NameNode 才会转换为 Active 状态。如果没有成功的防护方法，则第二个 NameNode 不会转换为 Active 状态，并将返回错误。

3. getServiceState

该子命令用于确定给定的 NameNode 是活动的还是备用的状态。连接到提供的 NameNode 以确定其当前状态，并在 STDOUT 上适当地输出"待机"或"活动"。监视脚本可能会使用此子命令，其需要根据 NameNode 当前处于活动状态还是待机状态而表现不同。

4. getAllServiceState

该子命令可返回所有 NameNode 的状态。连接到已配置的 NameNode 以确定当前状态，并在 STDOUT 上适当输出"待机"或"活动"。

5. checkHealth

该子命令可检查给定 NameNode 的运行状况。运行此命令将连接到提供的 NameNode 以检查其运行状况。NameNode 能够对自身执行一些诊断，包括检查内部服务是否按预期运行。

如果 NameNode 正常，此命令将返回 0，否则返回非 0。我们可以使用此命令进行监视。

## 8.2.5 DataNode 内部负载均衡

DataNode 内部负载均衡

单个数据节点配置多个数据磁盘时，在正常写入操作期间，数据会被均匀地划分，因此磁盘被均匀填充。但是在维护磁盘时，添加或者替换磁盘数据会导致 DataNode 存储出现偏移，这种情况在早期的 HDFS 文件系统中，是没有被处理的，可能就会导致维护前和维护后数据存储分布不均衡的情况，例如维护前数据存储如图 8-10 所示。

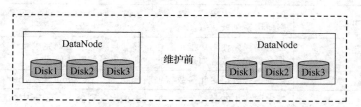

图 8-10 维护前数据均衡存储

在进行多次数据维护操作后，可能会导致数据存储的不均衡状态产生，如图 8-11 所示。

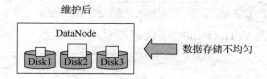

图 8-11 数据维护操作后的存储不均衡状态

Hadoop 3.x 通过新的内部 DataNode 平衡功能来处理内部负载均衡，具体是通过 HDFS Disk Balancer CLI（HDFS 磁盘平衡命令行接口）来实现的。HDFS Disk Balancer 是一个命令行工具，可将数据均匀分布在 DataNode 的所有磁盘上。在执行 HDFS 磁盘平衡的相关命令之后，DataNode 会进行均衡处理。可能会因大量数据的写入和删除等操作，使数据在节点上的磁盘之间分布不均匀。该工具针对给定的 DataNode 进行操作，并可以将数据块在各磁盘之间进行移动，实现存储均衡。使用磁盘平衡功能实现存储均衡效果如图 8-12 所示。

图 8-12 磁盘存储均衡效果

实现磁盘平衡功能，首先需要创建操作计划，然后在 DataNode 上执行该计划。操作计划通常是由一组语句组成的，计划中描述两个磁盘之间应移动多少数据。应该注意在默认情况下，集群上未启用磁盘平衡功能。要启用磁盘平衡功能，必须在 hdfs-site.xml 配置文件中将 dfs.disk.balancer.enabled 设置为 true。

下面简单介绍磁盘平衡功能支持的命令以及含义。首先需要指定执行计划，指定计划可通过命令 hdfs diskbalancer -plan node1.mycluster.com 完成。该命令常见的命令选项和含义如表 8-1 所示。

表 8-1　　　　　　　　　　　执行计划相关命令选项和含义

| 命令选项 | 含义 |
| --- | --- |
| -out | 允许用户控制计划文件的输出位置 |
| -bandwidth | 由于 DataNode 处于运行状态，并且可能正在运行其他作业，因此 Disk Balancer 会限制每秒移动的数据量。该参数允许用户设置要使用的最大带宽 |
| -thresholdPercentage | 该操作被视为成功。这是为了实时适应 DataNode 中的更改。如果未指定此参数，则使用系统默认值 |
| -maxerror | 最大错误允许用户指定在中止移动步骤之前必须完成多少个块的复制操作。这不是必需的参数，如果未指定，则使用系统默认值 |
| -v | 详细模式，指定此参数将强制 plan 命令在 stdout 上输出计划摘要 |
| -fs | 指定要使用的名称节点。如果未指定，则使用 config 中的默认值 |

执行计划可使用 execute 命令，在生成计划的 DataNode（数据节点）上执行该命令，具体命令格式为：

```
hdfs diskbalancer -execute /system/diskbalancer/nodename.plan.json
```

通过 query 查询命令可从 DataNode 上获取磁盘平衡功能的当前状态。具体命令格式为：

```
hdfs diskbalancer -query nodename.mycluster.com
```

运行取消命令 cancel 可取消执行计划。重新启动 DataNode 具有与 cancel 命令相同的效果，因为 DataNode 上的计划信息是瞬态的。取消命令格式如下：

```
hdfs diskbalancer -cancel /system/diskbalancer/nodename.plan.json
```

磁盘平衡功能的相关属性可以在 hdfs-site.xml 文件中进行配置。主要的配置项及其含义如表 8-2 所示。

表 8-2　　　　　　hdfs-site.xml 文件中磁盘平衡功能的相关配置及含义

| 配置项 | 含义 |
| --- | --- |
| dfs.disk.balancer.enabled | 此参数控制是否为集群启用了 Disk Balancer。如果未启用，则任何执行命令都会被 DataNode 拒绝。默认值为 false |
| dfs.disk.balancer.max.disk.throughputInMBperSec | 这样可以控制 Disk Balancer 在复制数据时消耗的最大磁盘带宽。如果指定了 10MB 之类的值，则 Disk Balancer 平均只会复制 10MB/s。默认值为 10MB/s |
| dfs.disk.balancer.max.disk.errors | 设置在放弃两个磁盘之间的特定移动之前可以忽略的最大错误数的值。如果一个计划有 3 对磁盘要进行复制，并且第一个磁盘集遇到 5 个以上的错误，则放弃第一个副本并开始该计划中的第二个副本。最大错误的默认值为 5 |
| dfs.disk.balancer.block.tolerance.percent | 容差百分比指定何时可以为任何复制步骤达到足够好的值。例如，如果指定 10%，那么接近目标值的 10% 就足够了 |
| dfs.disk.balancer.plan.threshold.percent | 计划中体积数据密度的百分比阈值。如果节点中卷数据密度的绝对值超出阈值，则意味着与磁盘相对应的卷应在计划中进行平衡。预设值为 10 |
| dfs.disk.balancer.enabled | 此参数控制是否为集群启用了 Disk Balancer。如果未启用，则任何执行命令都会被 DataNode 拒绝。默认值为 false |

## 8.2.6 端口号的改变

在 Hadoop 2.x 版本中,多个 Hadoop 服务的默认端口位于 Linux 端口范围以内。除非客户端程序明确地请求特定的端口号,否则使用的端口号就是临时的,所以,在启动后,服务可能会因为与其他应用程序的冲突而无法绑定到端口。因此,Hadoop 3.x 中具有临时范围冲突的端口已被移出该范围,影响多个服务的端口号(NameNode、SecondaryNameNode、DataNode 等),如表 8-3 所示。

端口号的改变

表 8-3   Hadoop 3.x 的端口号改变

| 守护进程 | 应用程序 | Hadoop 2.x 端口 | Hadoop 3.x 端口 |
| --- | --- | --- | --- |
| NameNode Port | Hadoop HDFS NameNode | 8020 | 9820 |
|  | Hadoop HDFS NameNode HTTP UI | 50070 | 9870 |
|  | Hadoop HDFS NameNode HTTPS UI | 50470 | 9871 |
| SecondaryNameNode Port | SecondaryNameNode HTTP | 50091 | 9869 |
|  | SecondaryNameNode HTTP UI | 50090 | 9868 |
| DataNode Port | Hadoop HDFS DataNode IPC | 50020 | 9867 |
|  | Hadoop HDFS DataNode | 50010 | 9866 |
|  | Hadoop HDFS DataNode HTTP UI | 50075 | 9864 |
|  | Hadoop HDFS DataNode HTTPS UI | 50475 | 9865 |

## 8.3 Hadoop 3.x 其他的新特性

### 8.3.1 Shell 脚本重写

Hadoop 3.x 中的 Hadoop Shell 脚本已经被重写,用来修复已知的 Bug,解决一些兼容性问题。它包含了一些新的特性,具体介绍如下。

Hadoop 3.x 其他的新特性

(1)所有 Hadoop Shell 脚本子系统都会执行 hadoop-env.sh 脚本,它允许所有环节变量位于一个位置。

(2)守护进程已通过 *-daemon.sh 选项移动到了 bin 命令中,在 Hadoop 3 中,可以简单地使用守护进程来启动、停止对应的 Hadoop 系统进程。

(3)在 SSH 连接操作的基础上,可以安装并使用并行分布式 Shell 工具,提高命令运行效率。

(4)${HADOOP_CONF_DIR} 可以配置到任何地方。

(5)脚本测试并报告守护进程启动时日志和进程 ID 的各种状态。

Hadoop 2 中的 Hadoop 客户端应用程序会依赖 Hadoop 的整个生态圈组件,并产生传递依赖。如果这些传递依赖项的版本与应用程序使用的版本发生冲突,可能会使应用产生问题。

因此,在 Hadoop 3 中有新的 Hadoop 客户端 API 和 Hadoop 客户端运行时工件,它们将 Hadoop 的依赖性遮蔽到单个 JAR 中,Hadoop 客户端 API 是编译范围。Hadoop 客户端运行时是运行时范围,它包含从 Hadoop 客户端重新定位的第三方依赖关系。因此,用户可以将依赖项绑定到 JAR 中,并测试整个 JAR 以解决版本冲突。这样避免了将 Hadoop 的依赖性泄露到应用程序的类路径上。例如，HBase 可以用来与 Hadoop 集群进行数据交互，而不需要看到任何实现依赖。

### 8.3.2　GPU 和 FPGA 支持

2018 年 4 月，Apache Hadoop 3.1.0 正式发布。与之前的版本相比，其具有许多重要的增强功能。值得注意的是，这个版本不适用于生产环境，如果需要在生产环境下使用的用户还需使用 3.1.1 及以上版本。但 3.1.0 也有其重大意义，在此版本中 Hadoop 原生支持 GPU（Graphics Processing Unit，图形处理器）和 FPGA（Field Programmable Gate Array，现场可编程门阵列）。

对于许多大数据应用程序来说，GPU 已经成为越来越重要的工具。有许多应用程序依赖 GPU 完成深度学习、机器学习、数据分析、基因组测序等。在许多情况下，GPU 的速度最高可达 CPU 的 10 倍，而速度则提高了 300 倍。Apache Hadoop 3.x 支持操作员和管理员配置 YARN 集群及使用 GPU 资源。

功能更全面的应用程序需要 GPU 支持，GPU 资源也不会被隔离。进行调度时会将 GPU 识别为资源类型。借助 GPU 调度支持，可将具有 GPU 请求的容器放置到具有足够可用 GPU 资源的计算机上或本地。为了解决隔离问题，GPU 同时使用多台计算机而不会互相影响。YARN 的 Web UI 包含 GPU 信息。它显示了整个集群中已使用和可用的资源以及其他资源，如 CPU 和内存。

## 本章小结

本章主要介绍了 Hadoop 3.x 的起源和发展历程，讲解了 Hadoop 3.x 与 Hadoop 2.x 的不同，包括 JDK 版本的升级、EC 技术的使用、对 YARN 的优化、多 NameNode 的支持、DataNode 内部负载均衡的实现以及对端口号的调整等。通过对本章的学习，读者应该了解 Hadoop 3.x 的发展历程和主要特性，对 Hadoop 3.x 的版本优势也有基本的理解。

## 习题

一、选择题

1. Hadoop 3.x 是基于（　　）版本的 JDK 进行编译的。

　　A．JDK 1.6　　　B．JDK 1.7　　　C．JDK 1.8　　　D．JDK 1.9

2. Hadoop 2.x 版本中 HDFS 默认的 NameNode rpc 监听端口号是（　　），Hadoop 3.x 中将此默认端口号改为了（　　）。

　　A．9000　9820　B．8020　9820　C．50070　8020　D．50010　50070

3. Hadoop 的 NameNode rpc 监听端口可以在配置文件（　　）中进行配置。
   A. mapred-site.xml　　　　　　B. hdfs-site.xml
   C. core-site.xml　　　　　　　D. hadoop-env.sh
4. 以下不属于 Hadoop 3.x 新特性的是（　　）。
   A. 引入了 EC 技术　　　　　　B. JDK 进行了升级
   C. 实现了 DataNode 内部负责均衡　D. 实现了 HA 集群

二、填空题

1. EC 技术的全称是_____，是 Hadoop_____版本以上新增的功能。
2. 在较老版本的 Hadoop 集群中，_____是 HDFS 集群中的单点故障。每个集群只有一个_____，并且如果该计算机或进程不可用，则整个集群将不可用。
3. Hadoop 2.x 版本中 HDFS 默认的 NameNode HTTP UI 端口号是_____，Hadoop 3.x 版本中将此默认端口号改为了_____。

三、简答题

1. Hadoop 3.x 相比 Hadoop 2.x 都有哪些新的特性？
2. Hadoop 3.x 支持的 NameNode 和传统的 Hadoop HA 架构相比有什么优势？
3. Hadoop 3.x 的 DataNode 内部负载均衡功能如何使用？

# 第9章 Hadoop商业发行版

**学习目标**
- 了解 Hadoop 集群管理的挑战
- 掌握 Cloudera Manager 和 CDH 的部署方法
- 掌握使用 Cloudera Manager 搭建和管理 Hadoop 集群的方法
- 掌握 Cloudera Manager 的核心功能
- 了解 Hadoop 的其他商业发行版

第 2 章讲解和部署了基于 Apache Hadoop 的完全分布式集群环境，也对 Hadoop 集群的管理有了初步的介绍。Hadoop 的发行版除了社区版的 Apache Hadoop 外，Cloudera、Hortonworks、MapR、EMC、IBM、Intel、华为等公司都提供了相应的商业版本。商业版主要是提供了专业的技术支持，这对企业尤为重要。本章首先对 Hadoop 的集群管理带来的挑战做简要分析，然后重点讲解当前比较流行的商业发行版 CDH 的部署与应用，最后对 HDP、MapR Hadoop 和华为 Hadoop 等其他商业发行版进行简单介绍。

## 9.1 Hadoop 集群管理的挑战

Hadoop 集群管理的挑战

从广义上来说，Hadoop 是一个生态系统，由运行在物理集群上庞大的服务组件构成。接下来从以下几个方面对 Hadoop 集群管理进行分析。

（1）成百上千的硬件组件、数以千计的配置信息和无穷尽的排列组合决定了集群的复杂性，它的复杂程度给我们对 Hadoop 集群的管理带来了巨大的挑战。

（2）Hadoop 生态系统不是各个组件的简单堆叠，它的组件和服务都是相关的，我们需要对所有的重要信息了如指掌，仅仅获取单个服务的信息是不够的。

（3）工作流程复杂并且容易出错，问题解决耗时低效。

（4）缺乏一致和可重复的管理过程，Hadoop 手工管理不仅费时、费力，而且不可靠。

（5）Apache Hadoop 虽然完全开源免费，但也存在版本管理混乱、部署过程烦琐、升级过程复杂、兼容性差、安全性低等诸多问题。

## 9.2　CDH 概述

CDH 概述

Cloudera 公司提供的 Hadoop 商业发行版（Cloudera Distribution Hadoop，CDH），是对 Hadoop 集群环境进行监控与管理的企业级大数据平台，能够方便地对 Hadoop 集群进行自动化安装、中心化管理、集群监控和报警。如图 9-1 所示，CDH 不仅封装了 Cloudera 的商业版 Hadoop，同时也包含了各类常用的开源数据处理与存储框架，如 Spark、Hive、HBase、Kafka、Flume 等，极大地提高了集群管理的效率。

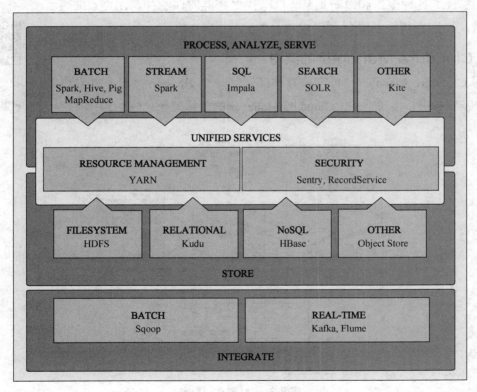

图 9-1　CDH 架构图

CDH 是 Apache 许可的开源软件，其主要特性介绍如下。

（1）通过统一的平台对集群进行部署、监控、故障排查、维护分析。

（2）全面、统一的安全体系从身份认证、权限管理、审计和加密等方面保障信息安全。

（3）无缝集成和管理第三方工具和组件。

（4）满足任意规模的 Hadoop 集群生产和管理要求。

（5）版本划分清晰、版本更新速度快。

（6）监控、优化作业和查询性能。

## 9.3 Cloudera Manager 概述

Cloudera Manager（简称 CM）是一个用于管理 CDH 集群的端到端的应用程序，能够在集群中进行 Hadoop 等大数据处理相关的服务安装和监控管理。它的主要特点如下。

（1）大数据处理相关服务安装过程自动化，部署时间从几周缩短到几分钟。

（2）提供集群范围内的主机和正在运行的服务的实时视图。

（3）提供了单个中央控制台，方便在整个集群中进行配置更改。

（4）整合了各种报告和诊断工具，可以优化集群的性能和利用率，提高服务质量，提高合规性并降低管理成本。

### 9.3.1 Cloudera Manager 的架构

使用 Cloudera Manager，可以快速地部署好一个 Hadoop 集群，并对集群的节点及服务进行实时监控，Cloudera Manager 的整体架构如图 9-2 所示。

Cloudera Manager 的架构

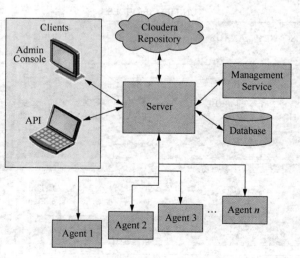

图 9-2　CM 整体架构图

在 Cloudera Manager 的架构中，可以看出它的主要组件包括以下几项。

（1）Server：Server 是 Cloudera Manager 的核心，它托管 Admin Console Web Server 和应用程序逻辑，负责安装软件、配置、启动和停止服务以及管理运行服务的集群。

（2）Agent：Agent 安装在每台主机上，它负责启动和停止进程，解压缩配置，触发安装和监控主机。Agent 与 Cloudera Manager Server 通过心跳机制进行通信，默认情况下，Agent 每隔 15 秒向 Cloudera Manager Server 发送一次心跳。但是为了减少用户等待的时间，在状态变化时频率会增加。

（3）Management Service：由一组角色组成的服务，这些角色执行各种监控、警报和报告功能。

（4）Database：用于存储配置和监视信息。

（5）Cloudera Repository：是由 Cloudera Manager 分发软件的存储库。

（6）Clients：与服务器交互的接口，包括 Admin Console 和 API。

（7）Admin Console：管理员控制台（基于 Web 的 UI），用于管理员管理集群和 Cloudera Manager。

（8）API：开发人员使用 API 创建自定义 Cloudera Manager 应用程序。

## 9.3.2 Cloudera Manager 中的基本概念

为了有效地使用 Cloudera Manager，用户首先需要理解它的基本概念，这些基本概念之间的关系如图 9-3 所示。

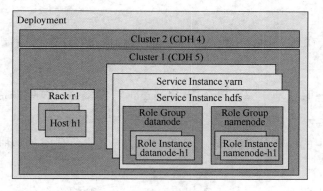

Cloudera Manager 中的基本概念

图 9-3 CM 基本概念关系图

Cloudera Manager 中涉及的部分概念（如 host、cluster 等）已经在前面介绍过，本章不再赘述。下面介绍常用的一些概念。

1. Deployment

Deployment（部署）是 Cloudera Manager 及其管理的所有集群的配置。

2. Rack

Rack（机架）通常是指由同一交换机提供服务的物理实体，它包含了一组物理主机。

3. Service

Service（服务）是 Cloudera Manager 中的托管功能类别，有时也被称为服务类型，这些服务运行在集群中，可能是分布式的，也可能是单节点的，如 MapReduce、HDFS、YARN 和 Spark。

4. Service Instance

Service Instance（服务实例）即在 Cloudera Manager 集群中运行的服务的实例，如 9-3 图中的"Service Instance hdfs"和"Service Instance yarn"。

5. Role

Role（角色）是指 service 中的一类功能，有时也被称为角色类型。例如，HDFS 服务中的角色有 NameNode、SecondaryNameNode、DataNode 和 Balancer。

6. Role Instance

Role Instance（角色实例）是指 Cloudera Manager 中，在主机上运行的角色的实例，它通常会映射到 UNIX 进程中，我们可以通过 jps 命令对其进行查看。参见图 9-3 中的"Role Instance datanode-h1"和"Role Instance namenode-h1"。

7. Role Group

在 Cloudera Manager 中，Role Group（角色组）是指角色实例的一组配置属性，这是一种将配置分配给一组角色实例的机制。

8. Parcel

Parcel 中包含已编译的代码和元信息（如包描述、版本和依赖项）的二进制分发格式。

9. Static Service Pool

Static Service Pool（静态服务池）是 Cloudera Manager 跨组服务对总集群资源（CPU、内存和 I/O 权重）进行的静态分区。静态服务池具有以下特性。

（1）静态服务池将集群中的服务彼此隔离，因此一个服务上的负载对其他服务几乎没有任何影响。

（2）服务在集群总资源（CPU、内存和 I/O 权重）中分配一个静态百分比，分配的资源不与其他服务共享。

（3）当配置静态服务池时，Cloudera Manager 会根据每个服务占有资源池的百分比计算分配给它的内存、CPU 和 I/O 权重。

（4）静态服务池是使用 cgroup 以及服务的内存限制（例如，Java 最大堆大小）按集群内的每个角色组实现的。

（5）默认情况下不启用静态服务池。

（6）静态服务池可用于控制 HBase、HDFS、Impala、MapReduce、Solr、Spark、YARN 和附加组件对资源的访问。例如，在图 9-4 中演示了分配了 20%和 30%集群资源的 HBase、HDFS、Impala 及 YARN 服务的静态池。

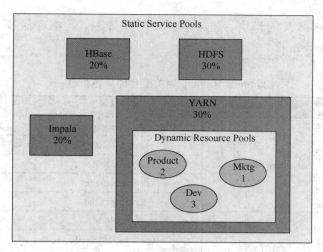

图 9-4　静态服务池与动态资源池

10. Dynamic Resource Pool

在 Cloudera Manager 中，命名的资源配置和用于池中运行的 YARN 应用程序或 Impala 查询的资源调度的策略。根据使用的 CDH 版本，Cloudera Manager 中的 Dynamic Resource Pool（动态资源池）支持以下方案。

（1）YARN（CDH 5）：YARN 管理虚拟内核、内存、运行的应用程序，未声明的子池的最大资源以及每个池的调度策略。例如，在图 9-4 中，为 YARN 定义了三个动态资源池，分别是 Dev、Product 和 Mktg，它们的权重分别为 3、2 和 1。如果应用程序启动并分配给 Product 池，其他应用程序正在使用 Dev 和 Mktg 池，则 Product 资源池将收到总集群资源的 30%×2/6（即 10%）。如果没有应用程序正在使用 Dev 和 Mktg 池，则 Product 池将分配 30% 的集群资源。

（2）Impala（CDH 5 和 CDH 4）：Impala 管理池中运行查询的内存，并限制每个池中正在运行和排队查询的数量。

## 9.4　Cloudera Manager 及 CDH 离线安装部署

Cloudera 官方提供了 Cloudera Manager、Tarball、YUM 和 RPM 在线安装的几种方式。Cloudera Manager 以 GUI（Graphical User Interface，图形用户界面）的方式管理集群，并提供向导式的安装步骤，本节主要讲解 Cloudera Manager 及 CDH 离线安装部署。

### 9.4.1　集群部署规划

1. Cloudera 平台软件体系结构

Cloudera 的软件体系结构中包括系统部署和管理、数据存储、资源管理、处理引擎、安全、数据管理、工具仓库及访问接口等模块。本节主要

集群部署规划

讲解 Cloudera Hadoop 涉及的模块，包括系统部署和管理、数据存储及资源管理模块，相关组件的角色信息参见表 9-1。

表 9-1　　　　　　　　　　Cloudera Hadoop 相关组件的角色信息

| 模块 | 组件 | 管理角色 | 工作角色 |
| --- | --- | --- | --- |
| 系统部署和管理 | Cloudera Manager | Cloudera Manager server | Cloudera Manager agent |
|  |  | Host monitor |  |
|  |  | Service monitor |  |
|  |  | Reports manager |  |
|  |  | Event server |  |
| 数据存储 | HDFS | NameNode | DataNode |
|  |  | SecondaryNameNode |  |
|  |  | JournalNode |  |
|  |  | FailoberController |  |
| 资源管理 | YARN | ResourceManager | NodeManager |
|  |  | Job HistoryServer |  |

### 2. 集群环境所需软件

在 CDH 集群环境搭建之前，用户要先准备好需要安装的软件，所需软件列表参见表 9-2。

表 9-2　　　　　　　　　　CDH 集群所需软件列表

| 软件 | 版本 | 安装包 |
| --- | --- | --- |
| MySQL 数据库 | 5.6.45 | mysql-community-release-el7-5.noarch.rpm |
| MySQL 的 JDBC 驱动 | 5.1.15 | mysql-connector-java-5.1.15.tar.gz |
| Cloudera Manager | 5.14.4 | cloudera-manager-centos7-cm5.14.4_x86_64.tar.gz |
| CDH | CDH-5.14.4 | CDH-5.14.4-1.cdh5.14.4.p0.3-el7.parcel<br>CDH-5.14.4-1.cdh5.14.4.p0.3-el7.parcel.sha1<br>manifest.json |

此表中只列出了 CDH 相关的软件，VMware、Linux OS、JDK 等软件版本与第 2 章相同。

### 3. 集群部署规划

本次部署的集群环境是三个节点的 CDH 集群，集群部署规划参见表 9-3。

表 9-3　　　　　　　　　　集群部署规划

| IP 地址 | 主机名称 | CM | HDFS（HA） | YARN（HA） | 其他服务 |
| --- | --- | --- | --- | --- | --- |
| 192.168.100.101 | node1 | Server<br>Agent | NameNode<br>DataNode<br>JournalNode | ResourceManager<br>NodeManager | ZooKeeper、MySQL、HTTP、NTP、JDK |
| 192.168.100.102 | node2 | Agent | DataNode<br>JournalNode | NodeManager<br>ResourceManager | ZooKeeper、NTP、JDK |
| 192.168.100.103 | node3 | Agent | DataNode<br>NameNode<br>JournalNode | NodeManager | ZooKeeper、NTP、JDK |

其中，IP 地址与主机名称仅供参考，读者可以根据自己的习惯进行配置。另外，CDH 比 Apache Hadoop 对硬件的要求更高，如果节点分配的内存太少，就很容易导致安装失败或服务无缘无故停止。本次集群的搭建使用个人计算机（内存 16GB），主节点分配 6GB 内存，从节点分配 2GB 内存。

### 9.4.2 安装前的准备工作

Cloudera Manager 在安装之前需要对三台主机进行以下配置。

（1）设置静态 IP。

（2）修改主机名。

（3）设置主机的 hosts 文件。

（4）关闭防火墙和 SElinux。

（5）设置 SSH 免密码登录。

（6）配置时间同步服务。

安装前的准备工作

以上配置与完全分布式集群环境的搭建相同，用户可参照 2.3.2 节进行操作。

### 9.4.3 前置软件安装

**1. 安装 JDK**

CDH 的运行依赖 JDK 的运行环境。所以在安装 CDH 之前一定要先安装 JDK，JDK 安装可参照第 2 章的 JDK 安装步骤。

前置软件安装

**2. 安装 HTTP 服务**

Cloudera Manager 的管理界面是 Web 访问方式，在 node1 节点安装并启动 HTTP 服务，命令如下所示。

```
yum -y install httpd
systemctl start httpd
systemctl enable httpd
```

**3. 安装 MySQL 数据库**

Cloudera Manager 使用数据库存储相关的配置信息、系统的健康状况和任务进展等信息。Cloudera Manager 支持的数据库有 MariaDB、PostgreSQL、MySQL 或 Oracle。按照集群规划，在 node1 节点中部署 MySQL 数据库。首先执行命令"wget http://repo.mysql.com/mysql-community-release-el7-5.noarch.rpm"下载 MySQL Yum Repository，如图 9-5 所示（为了方便管理，所有安装包都存放在/root/softwares 目录下，读者也可以根据个人习惯进行自定义）。然后执行命令"rpm -ivh mysql-community-release-el7-5.noarch.rpm"安装 MySQL Yum Repository。最后执行命令"yum install mysql-community-server"安装 MySQL 数据库，待出现图 9-6 所示的界面，即表示安装成功。

```
[root@node1 softwares]# wget http://repo.mysql.com/mysql-community-release-el7-5.noarch.rpm
--2019-08-19 08:48:11--  http://repo.mysql.com/mysql-community-release-el7-5.noarch.rpm
正在解析主机 repo.mysql.com (repo.mysql.com)... 104.86.185.42
正在连接 repo.mysql.com (repo.mysql.com)|104.86.185.42|:80... 已连接。
已发出 HTTP 请求，正在等待回应... 200 OK
长度：6140 (6.0K) [application/x-redhat-package-manager]
正在保存至: "mysql-community-release-el7-5.noarch.rpm"

100%[======================================================>] 6,140      3.10KB/s 用时 1.9s

2019-08-19 08:48:14 (3.10 KB/s) - 已保存 "mysql-community-release-el7-5.noarch.rpm" [6140/6140])

[root@node1 softwares]# ll
总用量 186428
-rw-r--r-- 1 root root 190890122 8月   6 09:53 jdk-8u171-linux-x64.tar.gz
-rw-r--r-- 1 root root      6140 11月 12 2015 mysql-community-release-el7-5.noarch.rpm
```

图 9-5　MySQL YUM Repository 下载示例

```
已安装:
  mysql-community-server.x86_64 0:5.6.45-2.el7

作为依赖被安装:
  mysql-community-client.x86_64 0:5.6.45-2.el7     mysql-community-common.x86_64 0:5.6.45-2.el7
  mysql-community-libs.x86_64 0:5.6.45-2.el7       perl-Compress-Raw-Bzip2.x86_64 0:2.061-3.el7
  perl-Compress-Raw-Zlib.x86_64 1:2.061-4.el7      perl-DBI.x86_64 0:1.627-4.el7
  perl-Data-Dumper.x86_64 0:2.145-3.el7            perl-IO-Compress.noarch 0:2.061-2.el7
  perl-Net-Daemon.noarch 0:0.48-5.el7              perl-PlRPC.noarch 0:0.2020-14.el7

完毕！
```

图 9-6　MySQL 安装成功示例

MySQL 数据库安装成功后，通过命令"systemctl start mysqld"启动 MySQL 服务，然后通过"mysql –uroot -p"登录 MySQL（第一次登录没有密码）。登录成功后执行以下命令。

```
set password for 'root'@'localhost'=password('root');    --修改 root 密码
grant all on *.* to root@"%" identified by "root";       --创建远程登录用户
```

最后，通过命令"systemctl enable mysqld"将 MySQL 服务设置为系统开机自启动。至此，MySQL 数据库安装配置完成。

4. 安装 MySQL JDBC 驱动程序

在 CM Server 主节点和所有的 CM Agent 节点上都需要安装 JDBC 驱动程序。按照集群规划，node1、node2 和 node3 节点上安装 JDBC 驱动程序，版本选择 mysql-connector-java-5.1.15。下载解压命令如下所示。

```
wget https://dev.mysql.com/get/Downloads/Connector-J/mysql-connector-java-5.1.15.tar.gz
tar -zxvf mysql-connector-java-5.1.15.tar.gz
```

解压成功后，解压目录下的 mysql-connector-java-5.1.15-bin.jar，即需要的 MySQL JDBC 驱动程序依赖包，如图 9-7 所示。

图 9-7 MySQL JDBC Driver 示例

需要将 mysql-connector-java-5.1.15-bin.jar 复制到/usr/share/java 目录下，具体命令如下。

```
mkdir -p /usr/share/java
cp mysql-connector-java-5.1.15-bin.jar /usr/share/java/mysql-connector-java.jar
```

 注意　复制依赖包到/usr/share/java 目录下时，一定要将依赖包的名称改为 mysql-connector-java.jar。

### 9.4.4 Cloudera Manager 安装与配置

1. 下载 Cloudera Manager

Cloudera Manager 集群中主机的操作系统是 CentOS 7，CM 的版本选择 5.14.4，所以我们需要下载的是 cloudera-manager-centos7-cm5.14.4_x86_64.tar.gz，如图 9-8 所示。

Cloudera Manager 安装与配置

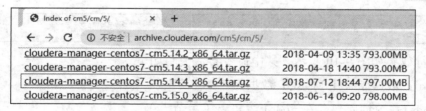

图 9-8　CM 安装包下载示例

2. 安装 Cloudera Manager

将 Cloudera Manager 的安装包上传至 node1、node2、node3 三台主机的/root/softwares 目录中，上传成功后将 CM 安装包解压至/opt/cloudera-manager 目录下，具体命令如下。

```
mkdir -p /opt/cloudera-manager
tar -zxvf cloudera-manager-centos7-cm5.14.4_x86_64.tar.gz -C /opt/cloudera-manager/
```

3. 修改 config.ini 文件

Cloudera Manager 是主从架构，主要角色包括 server 和 agent，需要配置从节点指向主节点服务器。按照集群规划，node1 为主节点，node1、node2 和 node3 为从节点。通过 vim 编辑三个节点的/opt/cloudera-manager/cm-5.14.4/etc/cloudera-scm-agent/config.ini，把其中的 server_host 值修改为主节点主机的名称 node1，如图 9-9 所示。

155

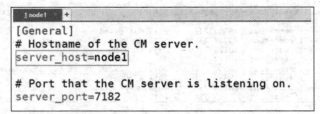

图 9-9　配置从节点指向主节点服务器

**4. 所有节点创建 cloudera-scm 用户**

Cloudera Manager 和托管服务默认使用的账户为 cloudera-scm，因此需要创建此用户，Cloudera Manager 和服务安装完成后会自动使用此用户。创建的命令如下。

```
useradd
  --system
  --home=/opt/cloudera-manager/cm-5.14.1/run/cloudera-scm-server
  --no-create-home --shell=/bin/false
  --comment "Cloudera SCM User"
  cloudera-scm
```

**5. Cloudera Manager 数据库配置**

/opt/cloudera-manager/cm-5.14.4/share/cmf/schema/scm_prepare_database.sh 是 Cloudera Manager Server 为自己创建和配置数据库的脚本。在启动 Cloudera Manager Server 之前，需要在 node1 节点配置数据库。具体命令如下。

```
/opt/cloudera-manager/cm-5.14.4/share/cmf/schema/scm_prepare_database.sh mysql -hnode1 -uroot -proot --scm-host node1 scm scm scm
```

命令执行效果如图 9-10 所示。其中命令参数说明如下。

① mysql：数据库采用 MySQL 数据库。

② -hnode1：数据库建立在 node1 主机上（主节点）。

③ -uroot：登录 MySQL 数据库的用户名。

④ -proot：登录 MySQL 数据库的密码。

⑤ -scm-host node1：Cloudera Manager Server 的主机名称。

最后三个 scm 分别是数据库名称、数据库用户名、数据库密码。

```
[root@node1 ~]# /opt/cloudera-manager/cm-5.14.4/share/cmf/schema/scm_prepare_database.sh mysql -hnode1 -uroot -proot --scm-host node1 scm scm scm
JAVA_HOME=/usr/local/java
Verifying that we can write to /opt/cloudera-manager/cm-5.14.4/etc/cloudera-scm-server
Creating SCM configuration file in /opt/cloudera-manager/cm-5.14.4/etc/cloudera-scm-server
groups: cloudera-scm: no such user
Executing:  /usr/local/java/bin/java -cp /usr/share/java/mysql-connector-java.jar:/usr/share/java/oracle-connector-java.jar:/opt/cloudera-manager/cm-5.14.4/share/cmf/schema/../lib/* com.cloudera.enterprise.dbutil.DbCommandExecutor /opt/cloudera-manager/cm-5.14.4/etc/cloudera-scm-server/db.properties com.cloudera.cmf.db.
[                              main] DbCommandExecutor              INFO  Successfully connected to database.
All done, your SCM database is configured correctly!
```

图 9-10　配置数据库

## 9.4.5 CDH 部署

### 1. 下载 CDH 软件

CDH 部署

CDH 软件可以从官网下载,其安装包与 CM 包一定要相匹配,因此 CDH 的版本选择 5.14.4。CDH 需要下载 CDH-5.14.4-1.cdh5.14.4.p0.3-el7.parcel、CDH-5.14.4-1.cdh5.14.4.p0.3-el7.parcel.sha1 和 manifest.json 三个文件,如图 9-11 所示。下载完成后将三个文件上传到 node1 节点的 /root/softwares 目录下。

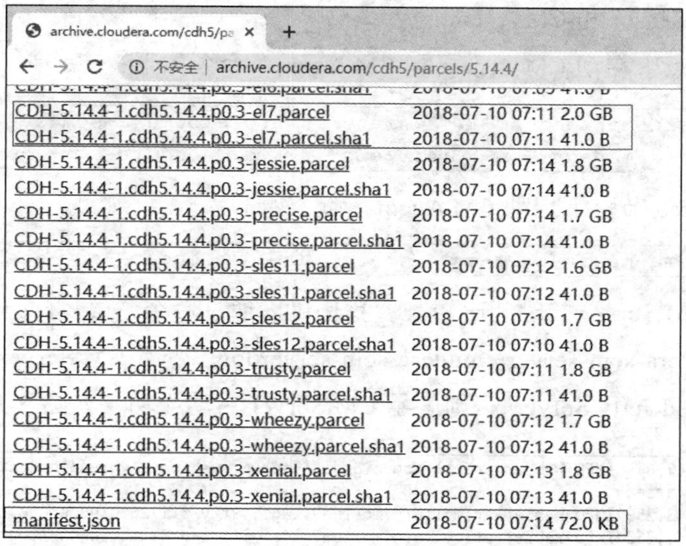

图 9-11 CDH 安装包下载示例

### 2. 部署 CDH

Cloudera Manager 会将 CDH 的安装包从主节点的 parcel-repo 仓库目录中抽取出来,分发到每个 Agent 节点的 parcels 目录中并激活。此外,还需要在主节点创建 parcel-repo 目录,同时在全部 Agent 节点创建 parcels 目录。

主节点(node1)执行命令:

```
mkdir -p /opt/cloudera/parcel-repo
chown cloudera-scm:cloudera-scm /opt/cloudera/parcel-repo/
```

所有 Agent 节点(node1、node2、node3)执行命令:

```
mkdir -p /opt/cloudera/parcels
chown cloudera-scm:cloudera-scm /opt/cloudera/parcels/
```

目录创建成功后,将 node1 节点 /root/softwares 目录下的 CDH-5.14.4-1.cdh5.14.4.p0.3-el7.parcel、CDH-5.14.4-1.cdh5.14.4.p0.3-el7.parcel.sha1 和 manifest.json 移动到 /opt/cloudera/parcel-repo/ 下。命令如下:

```
mv /root/softwares/CDH-5.14.4-1.cdh5.14.4.p0.3-el7.parcel /opt/cloudera/parcel-repo/
```

```
    mv /root/softwares/CDH-5.14.4-1.cdh5.14.4.p0.3-el7.parcel.sha1 /opt/
cloudera/parcel-repo/ CDH-5.14.4-1.cdh5.14.4.p0.3-el7.parcel.sha
    mv /root/softwares/manifest.json /opt/cloudera/parcel-repo/
```

需要注意的是，CDH-5.14.4-1.cdh5.14.4.p0.3-el7.parcel.sha1 一定要修改名称为 CDH-5.14.4-1.cdh5.14.4.p0.3-el7.parcel.sha。

### 9.4.6　Cloudera Manager 搭建 Hadoop 集群

Cloudera Manager 搭建 Hadoop 集群

前面介绍了如何安装 CM 和 CDH，本节将通过 CM 搭建 Hadoop 集群。首先需要启动 CM Server 和 CM Agent。

在 node1 主节点上启动 CM Server 和 CM Agent，命令如下：

```
/opt/cloudera-manager/cm-5.14.4/etc/init.d/cloudera-scm-server start
/opt/cloudera-manager/cm-5.14.4/etc/init.d/cloudera-scm-agent start
```

在 node2、node3 节点上启动 CM Agent，命令如下：

```
/opt/cloudera-manager/cm-5.14.4/etc/init.d/cloudera-scm-agent start
```

第一次启动 CM Server 的时间比较长。我们可以通过命令 "tail -f /opt/cloudera-manager/cm-5.14.4/log/cloudera-scm-server/cloudera-scm-server.log" 查看 CM Server 的启动日志，如果日志中输出 "Started Jetty Server"，则表示 CM Server 启动成功，如图 9-12 所示。

```
2019-08-20 09:12:42,849 INFO WebServerImpl:com.cloudera.server.web.cmf.AggregatorController: AggregateS
ummaryScheduler started.
2019-08-20 09:12:43,259 INFO WebServerImpl:org.mortbay.log: jetty-6.1.26.cloudera.4
2019-08-20 09:12:43,263 INFO WebServerImpl:org.mortbay.log: Started SelectChannelConnector@0.0.0.0:7180
2019-08-20 09:12:43,263 INFO WebServerImpl:com.cloudera.server.cmf.WebServerImpl: Started Jetty server.
```

图 9-12　CM Server 启动日志

Cloudera Manager Server 和 Agent 都启动成功之后，就可以进行 Hadoop 集群安装了。这时可以通过浏览器访问主节点 node1 的 7180 端口测试，默认的用户名和密码均为 admin，如图 9-13 所示。

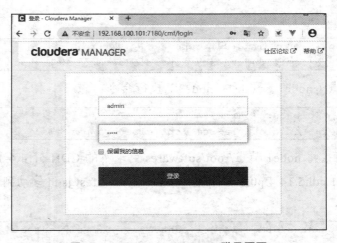

图 9-13　Cloudera Manager 登录页面

登录成功后可以看到有免费版、试用版和企业版（Enterprise）三个版本可供用户选择。免费版本除了拥有 CDH 和 Cloudera Manager 核心功能外（Cloudera Manager 的核心功能会在后面进行详细讲解），集群节点数量无任何限制，付费的 Cloudera Enterprise 企业版还拥有 Cloudera Manager 高级功能、Cloudera Navigator 审核组件和商业技术支持。本次部署选择免费版，选中后单击"继续"按钮，如图 9-14 所示。

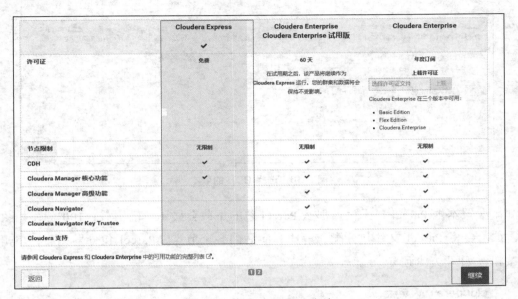

图 9-14　选择 Cloudera 版本

接下来，选择需要安装的节点主机。由于在各个节点都安装并启动了 Agent，各个节点的配置文件 config.ini 的 server_host 都指向主节点 node1，因此可以在"当前管理的主机"中看到三个主机，如图 9-15 所示，勾选全部主机，并单击"继续"按钮。如果 cloudera-scm-agent 没有启动，这里将检测不到主机。

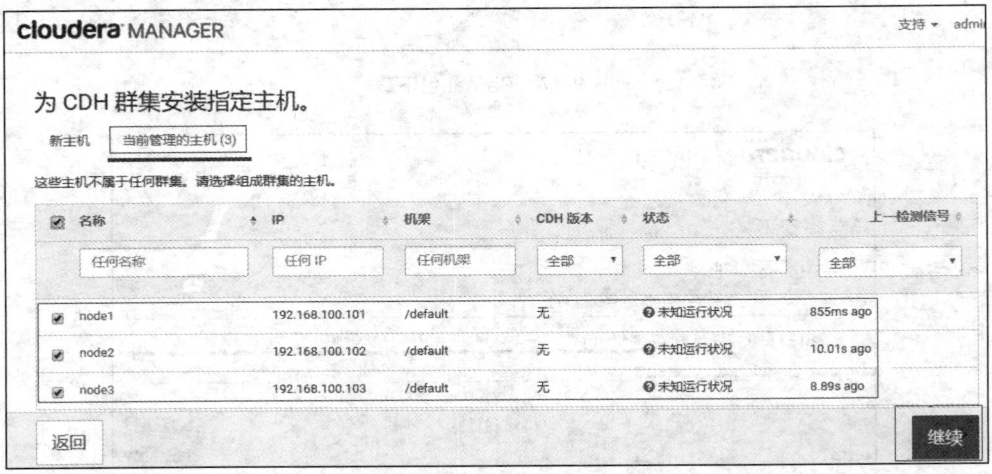

图 9-15　选择 CDH 集群节点主机

在新界面中会看到已经下载好的 Parcel 包对应的 CDH 版本（如 CDH-5.14.4），如图 9-16 所示，直接单击"继续"按钮。

图 9-16　选择 CDH 的版本

如果配置本地 Parcel 包无误，那么 Parcel 包的下载会显示"已下载：100%"，如图 9-17 所示。CM 会将 Parcel 文件包分配、解压、激活到各个节点，Parcel 包分发完后，单击"继续"按钮，如图 9-18 所示。

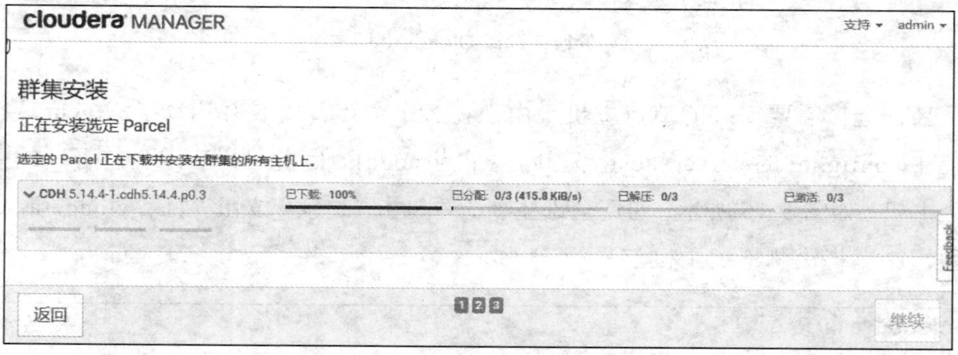

图 9-17　Parcel 包下载

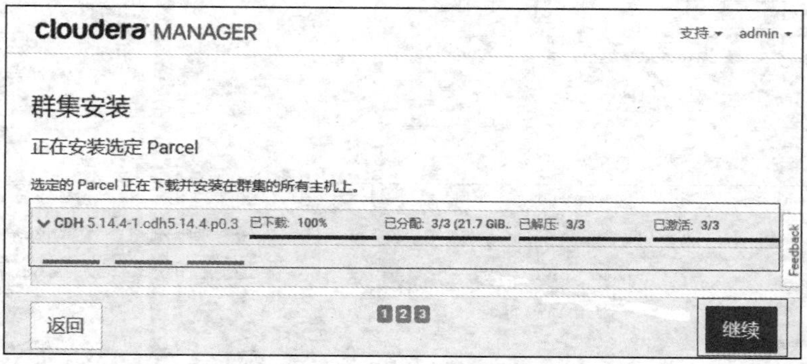

图 9-18　Parcel 包分配、解压、激活成功

接下来会进入检查集群主机正确性的页面。Cloudera 会进行安装前各节点的检查工作，例如 Cloudera 建议将 swappiness 设置为最大值 10、主机时钟要同步等，如果检查没有任何问题，直接单击"完成"按钮，如图 9-19 所示。

图 9-19　集群主机检查

选择需要安装的大数据组件，可以选择自定义安装方式"自定义服务"，如图 9-20 所示。

图 9-20　选择自定义服务

本次搭建的集群仅用于 Hadoop 的学习测试，所以选择 HDFS 和 YARN 两个服务组件，因为涉及 HDFS 和 YARN 的高可用，还需要安装 ZooKeeper 服务组件。如图 9-21 所示。

图 9-21 选择需要安装的大数据服务组件

勾选需要安装的服务组件后，单击"继续"按钮进入集群节点角色分配界面，HDFS 需要的角色有 NameNode、SecondaryNameNode、DataNode，YARN 需要的角色有 ResourceManager、NodeManager。按照集群规划，分别为三台主机分配角色，如图 9-22 所示。

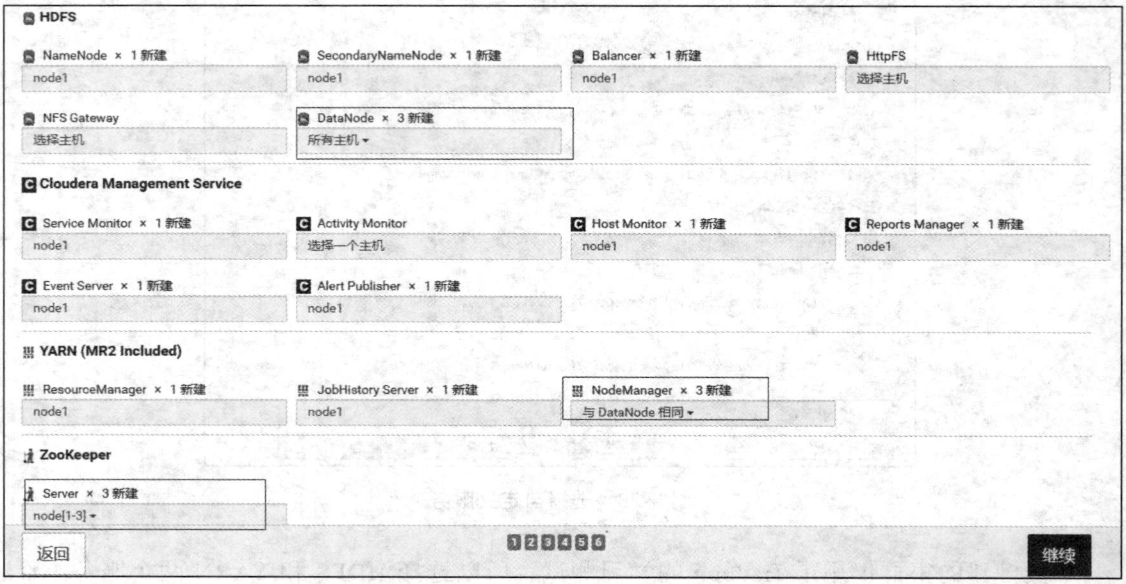

图 9-22 为节点分配角色

角色分配完成之后，单击"继续"按钮进入安装过程。因为是第一次安装，所以需要对 Cloudera Manager 的数据库进行设置，填写 9.4.4 节中创建的数据库相关信息，如图 9-23 所示。

图 9-23　数据库设置

数据库设置完成之后，单击"继续"按钮，CM 开始配置并启动各项服务，直到完成全部安装过程，如图 9-24 所示。

图 9-24　CM 配置启动服务

Coludera Manager 的管理界面如图 9-25 所示。

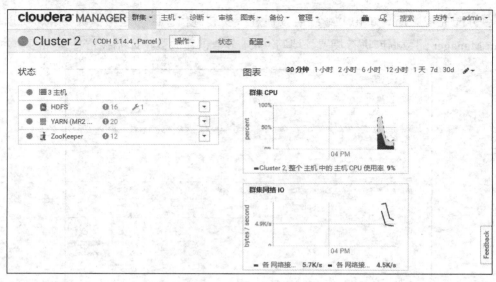

图 9-25 CM 的管理界面

## 9.4.7 启用 HDFS HA 和 YARN HA

在搭建 Hadoop 集群时，NameNode 和 ResourceManager 角色只分配到了 node1 节点，因此 HDFS 集群和 YARN 集群都存在单点故障。如果 node1 出现问题，将导致整个集群无法使用，第 3 章介绍了 Hadoop 给出的高可用 HA 方案解决单点故障。本节主要讲解 CM 如何启用 HDFS HA 和 YARN HA。

启用 HDFS HA 和 YARN HA

### 1. 启用 HDFS HA

使用管理员用户登录 Cloudera Manager 的 Web 管理界面，进入 HDFS 服务，选择"操作"菜单下的"启用 High Availability"命令配置 HDFS HA，如图 9-26 所示。

图 9-26 启动 HDFS 的 HA

接下来需要设置 Nameservice 名称，如图 9-27 所示，然后单击"继续"按钮，选择 NameNode 主机及 JournalNode 主机。按照集群规划，在 node3 节点安装备用 NameNode 服务，在所有节点安装 JournalNode 服务，如图 9-28 所示。

图 9-27 设置 Nameservice 名称

图 9-28 分配角色

角色分配完成之后单击"继续"按钮，设置 NameNode 的数据目录和 JournalNode 的编辑目录，NameNode 的数据目录默认继承已有 NameNode 数据目录，如图 9-29 所示。

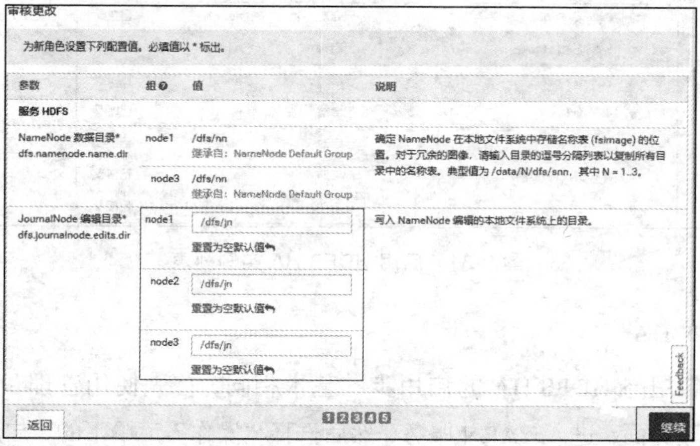

图 9-29 设置 NameNode 与 JournalNode 的目录

接下来，Cloudera Manager 执行启用 HDFS HA 的命令，执行完成后单击"继续"按钮完成 HDFS HA 的启用，如图 9-30 所示。

图 9-30 启用 HDFS HA

在 HDFS 服务界面单击实例菜单查看实例列表，可以看到启用 HDFS HA 后增加了 NameNode、Failover Controller、JournalNode 服务，并且服务都正常启动，如图 9-31 所示。

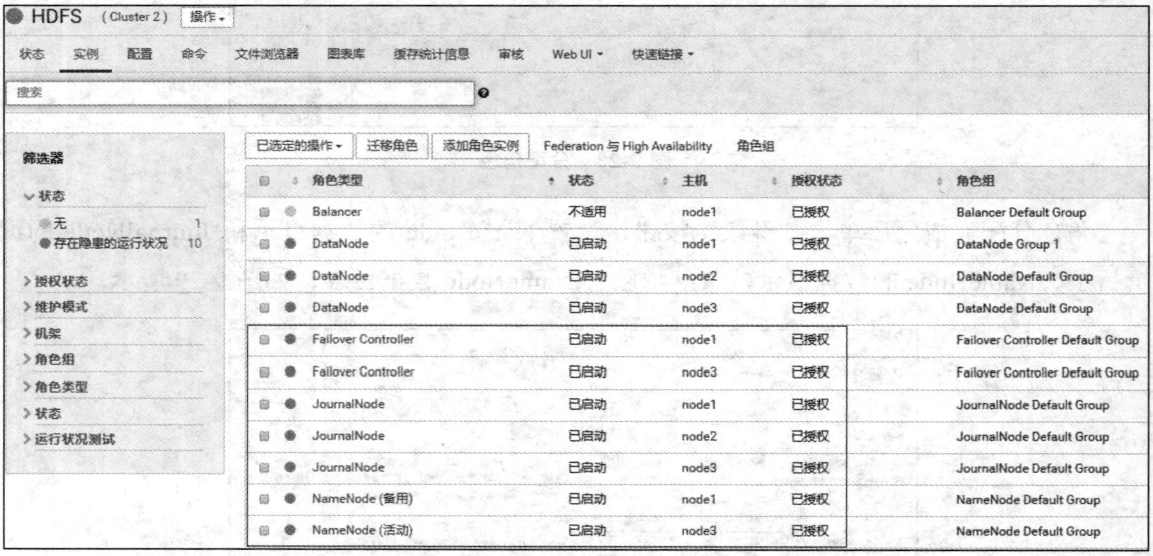

图 9-31 启用 HDFS HA 实例列表

### 2. 启用 YARN HA

YARN HA 的启用与 HDFS HA 的启用步骤基本相同，首先使用管理员用户登录 Cloudera Manager 的 Web 管理界面，进入 YARN 服务，然后选择"操作"菜单下的"启用 High Availability"命令，如图 9-32 所示。

图 9-32 启用 YARN 的 HA

接下来选择 ResourceManager 主机。按照集群规划，ResourceManager 角色分配在 node1 和 node2 两个节点，如图 9-33 所示。角色分配完成之后，Cloudera Manager 执行启用 YARN HA 的命令，执行完成后单击"继续"按钮完成 YARN HA 的启用，如图 9-34 所示。

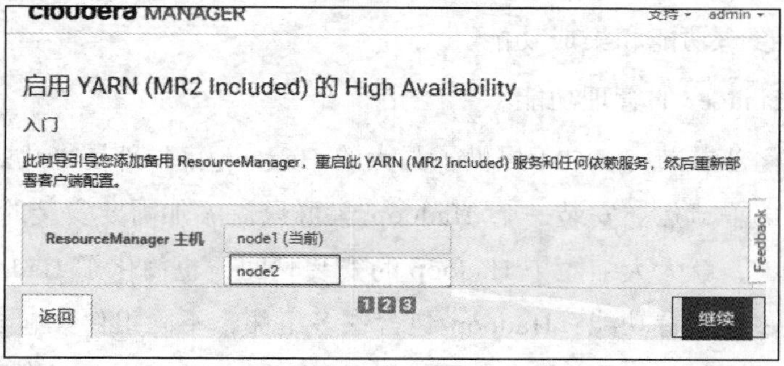

图 9-33 设置 ResourceManager 主机

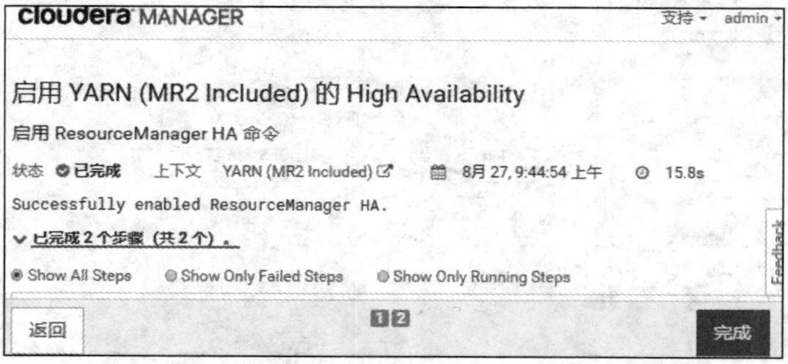

图 9-34 YARN HA 启动成功

在 YARN 服务界面选择"实例"命令查看实例列表，可以看到启用 YARN HA 后在 node2 节点增加了 ResourceManager 服务，并且服务正常启动，如图 9-35 所示。

图 9-35　启用 YARN HA 实例列表

## 9.5　Cloudera Manager 的功能

### 9.5.1　Cloudera Manager 的基本核心功能

Cloudera Manager 作为 Hadoop 大数据平台的管理工具，能够有效地帮助用户方便地使用和管理 Hadoop。它的基本核心功能分为四大模块：管理功能、监控功能、诊断功能和集成功能。

Cloudera Manager 的基本核心功能

**1. Cloudera Manager 的管理功能**

（1）批量自动化部署节点：CM 提供了强大的 Hadoop 集群部署能力，能够批量地自动化部署节点。安装一个 Hadoop 集群只需添加需要安装的节点、安装需要的组件和分配角色三步，就大大缩短了 Hadoop 的安装时间，也简化了 Hadoop 的安装过程。

（2）可视化的参数配置功能：Hadoop 包含许多组件，不同组件又包含各种各样的 XML 配置文件。CM 提供界面 GUI 可视化参数配置功能，如图 9-36 所示，能自动部署到每个节点。

图 9-36　CM 的 GUI 可视化参数配置

（3）智能参数验证以及优化：当用户配置部分参数值有问题时，CM 会给出智能错误提示，帮助用户更合理地修改配置参数，如图 9-37 所示。

图 9-37　智能参数验证和优化

（4）权限管理：CM 在创建用户的时候可以指定角色，如图 9-38 所示，并能为角色提供不同级别的管理权限，例如只读用户访问 Cloudera Manager 的界面时，所有服务对应的启停等操作选项都不可用。

图 9-38　CM 用户的角色

## 2. Cloudera Manager 的监控功能

（1）服务监控：查看服务和实例级别健康检查的结果，对设置的各种指标和系统运行情况进行全面监控，如图 9-39 所示。如果任何运行状况测试是不良（Bad），则服务或者角色的状态就是不良，不良状态的图标为 ●。如果任何运行状况测试是存在隐患（Concerning），没有任何一项是不良，则角色或者服务的状况就是存在隐患，存在隐患的图标为 ●。而且系统会对管理员应采取的行动给出建议，如图 9-40 所示。如果任何运行状况测试是运行状况良好（Good），则角色或者服务的状况就是运行良好，运行状况良好的图标为 ●。

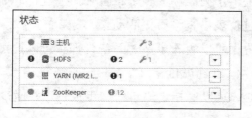

图 9-39　服务监控

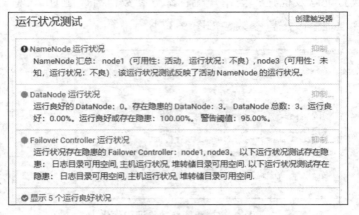

图 9-40　运行状况提示

（2）主机监控：监控集群内所有主机的有关信息，包括主机上目前消耗的内存、主机上运行的角色分配等，如图 9-41 所示。此外，还能显示所有集群主机的汇总视图，以及进一步显示单个主机关键指标的详细视图，如图 9-42 所示。

| 状态 | 名称 | IP | 角色 | 授权状态 | 上一检测信号 | 平均负载 | 磁盘使用情况 | 物理内存 | 交换空间 |
|---|---|---|---|---|---|---|---|---|---|
| | node1 | 192.168.100.101 | > 14 Role(s) | 已授权 | 1.1s 之前 | 0.36 0.66 1.84 | 10.8 GiB / 18 GiB | 5.3 GiB / 5.8 GiB | 0 B / 2 GiB |
| | node2 | 192.168.100.102 | > 5 Role(s) | 已授权 | 7.92s 之前 | 0.03 0.04 0.07 | 8.1 GiB / 18 GiB | 977 MiB / 1.9 GiB | 0 B / 2 GiB |
| | node3 | 192.168.100.103 | > 6 Role(s) | 已授权 | 3.93s 之前 | 0.00 0.01 0.05 | 8 GiB / 18 GiB | 1.1 GiB / 1.9 GiB | 0 B / 2 GiB |

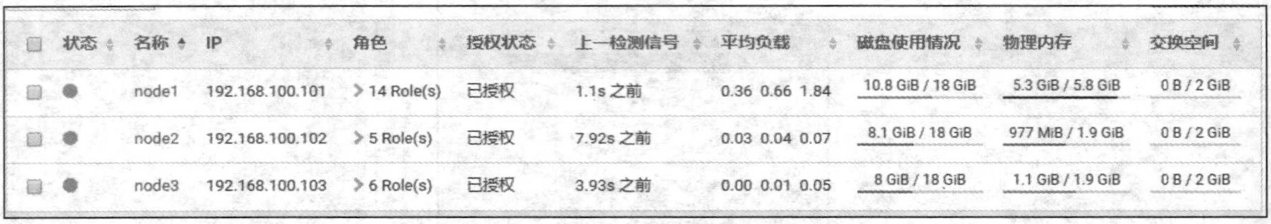

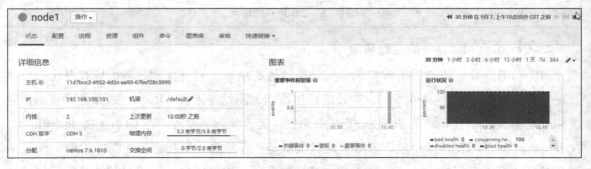

图 9-41　所有主机节点的相关信息

图 9-42　单台主机节点的详细信息

（3）行为监控：CM 提供了列表和图表来查看集群上进行的活动，不仅显示当前正在执行的任务行为，还可以通过仪表盘查看历史活动。

（4）事件活动：监控界面可以查看事件、系统管理员可以通过时间范围、服务、主机、关键字等字段信息过滤事件，如图 9-43 所示。

（5）报警：通过配置 CM 可以对指定的事件产生报警，并通过电子邮件或者 SNMP 的事件得到警报通知，如图 9-44 所示。

图 9-43　事件活动

图 9-44　警报

（6）日志和报告：可以轻松单击一个链接查看相关的特定服务的日志条目，并且 Cloudera Manager 可以将收集到的历史监控数据统计生成报表，如图 9-45 所示。

图 9-45　报告

3. Cloudera Manager 的诊断功能

（1）周期性服务诊断：CM 会对集群中运行的服务进行周期性的运行状况测试，以检测这些服务的状态是否正常。如果有异常情况，就会进行报警，有利于更早地让用户感知集群服务存在的问题，如图 9-46 所示。

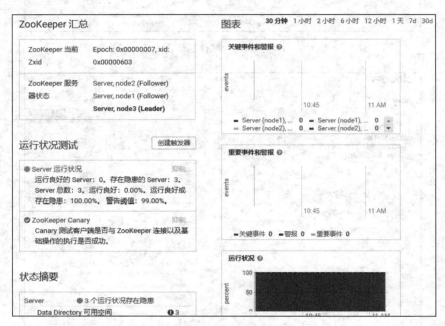

图 9-46　周期性服务诊断

（2）日志采集及检索：对于一个大规模的集群，CM 提供了日志的收集功能，能够通过统一的界面查看集群中每台机器、各项服务的日志，并且能够根据日志级别等不同的条件进行检索，如图 9-47 所示。

图 9-47　日志

（3）系统性能使用报告：CM 能够产生系统性能使用报告，包括集群的 CPU 使用率、单节点的 CPU 使用率、单个进程的 CPU 使用率等各项性能数据，这对于 Hadoop 集群的性能调试非常重要。

4. Cloudera Manager 的集成功能

（1）安全配置：在企业内部，都会对验证系统做集中的部署，例如使用 AD、LDAP 等验证服务作为集中式的验证服务器，提供对所有业务系统的验证工作。为了方便 Hadoop 大数据平台与原有验证系统的集成，CM 提供了丰富的集成功能，只需在界面上配置即可完成，如 Sentry 组件的配置如图 9-48 所示。

图 9-48　Sentry 组件的配置

（2）Cloudera Manager API：Cloudera 产品具有开放特性，这种开放性的其中一个体系就是 CM 提供了丰富的 API，供用户调用，通过 Cloudera Manager API，能够方便地将 CM 集成到企业原有的集中管理系统。以下操作都可以通过 Cloudera Manager API 完成。

① 通过编程部署整个 Hadoop 集群。

② 配置各种 Hadoop 服务验证。

③ 开展服务和角色的管理行为，如启动、停止、重新启动、故障转移等。

④ 通过具有智能化服务的健康检查和指标来监控服务和主机。

⑤ 监控用户的工作和其他集群活动。

⑥ 检索基于时间序列的度量数据。

⑦ 搜索 Hadoop 系统内事件。

⑧ 管理 Cloudera Manager 自身。

⑨ 将 Hadoop 集群的整个部署描述为一个 JSON 文件。

（3）SNMP 集成：SNMP 是一个标准的消息转发协议。通常在大型的企业级系统中都会进行部署。CM 也提供了方便的 SNMP 集成能力，只需进行简单的配置，就能够将 SNMP 进行集成，并且将集群中的报警信息进行转发，如图 9-49 所示。

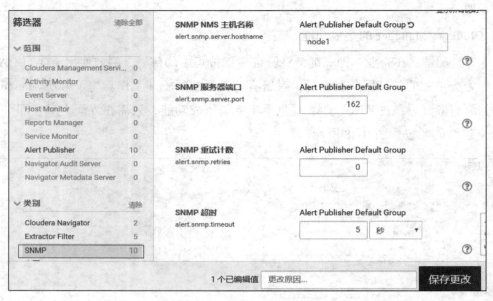

图 9-49 集成 SNMP 服务

## 9.5.2 Cloudera Manager 的高级功能

Cloudera Manager 的商业版本中还提供了许多高级功能，这些功能在免费版本中是不提供的。

Cloudera Manager 的高级功能

### 1. 软件滚动升级

Hadoop 是一个快速发展的技术，版本也在迅速衍生，对于部署了 Hadoop 的系统，无论出于稳定性还是功能性原因，版本升级都是不可避免的。在 Hadoop 版本升级和 Bug 修复时，为了保证业务系统的连续性，CM 提供了滚动升级的功能，支持 Hadoop 平台在升级时也能继续对外提供服务及应用。

### 2. 查看历史配置

任何时候进行配置修改并保存之后，Cloudera Manager 都会对该配置生成一个版本。Cloudera Manager 支持查看历史配置，并能回滚到不同的版本，从而为集群恢复、问题诊断等提供可靠的依据和方便的工具。

### 3. 备份及容灾系统 BDR

Cloudera 为 Hadoop 平台提供了一个集成的、易用的灾备解决方案。BDR 为灾备方案提供了丰富的功能，CM 为 BDR 提供了完整的用户界面，能实现界面化的数据备份与灾难恢复。

### 4. 数据审计

Cloudera Navigator 的审计功能支持对于数据的审计和访问，架构如图 9-50 所示。

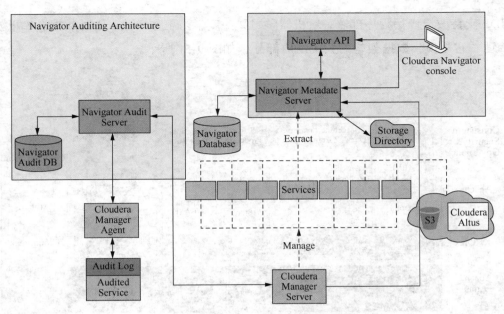

图 9-50　Cloudera Navigator 审计架构

配置了 Cloudera Navigator 审计功能后，收集和过滤审核事件的插件将会被打开并插入 HDFS、HBase 和 Hive（HiveServer2、Beeswax 服务器）服务。该插件负责将审计事件写入本地文件系统的审计日志中。而 Cloudera Impala 和 Sentry 则自己收集和过滤审核事件，并直接将其写入审计日志文件。

5．安全集成向导

Hadoop 支持多种安全机制，如 Kerberos。由于使用这些安全机制的配置工作及管理工作都非常烦琐，故 CM 在界面上提供了启用 Kerberos、基于角色的访问控制等功能的途径，用户只需通过简单的页面单击就能完成复杂的配置工作。

# 9.6　Hadoop 其他商业发行版介绍

Hadoop 其他商业发行版介绍

前面重点介绍了 CDH 的部署及使用。除 CDH 外，Hadoop 的商业发行版还包括 HDP、MapR Hadoop 和华为 Hadoop 等。本节主要对这些发行版进行简单介绍。

## 9.6.1　HDP

HDP（Hortonworks Data Platform，Hortonwork 数据平台）是 Hortonworks 公司（于 2018 年 10 月被 Cloudera 公司收购）推出的大数据管理平台，是一个 100%开源的框架，用于分布式存储和处理大型多源数据集。HDP 能够使用户的 IT 基础架构现代化，并且可以保证数据在云或本地的安全，同时，HDP 能够帮助用户推动新的收入流，改善客户体验并控制成本。

HDP 支持敏捷应用程序部署，新机器学习和深度学习工作负载，实时数据仓库以及安全性和治理。它是现代数据架构的关键组成部分，如图 9-51 所示。

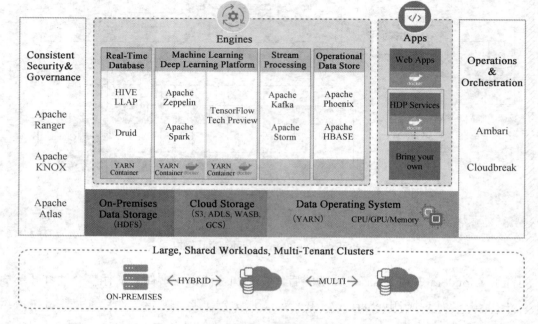

图 9-51　HDP 是现代数据架构的关键组成部分

HDP 的主要特点介绍如下。

1. 集成和测试封装

HDP 集成了稳定版本的 Apache Hadoop 的所有关键组件。

2. 安装方便

HDP 提供了一个现代化的、直观的用户界面的安装和配置工具 Ambari。

3. 管理和监控服务

HDP 具有直观的仪表板功能，能够监测整个集群并为用户建立警示。

4. 数据集成服务

HDP 集成了 Talend 大数据平台（领先的开源整合工具），使用它能够轻松连接 Hadoop 集群，而不必编写 Hadoop 代码的数据系统集成工具。

5. 元数据服务

HDP 集成了 Apache HCatalog，简化了 Hadoop 的应用程序之间、Hadoop 和其他数据系统之间的数据共享。

6. 高可用性

HDP 可以无缝集成成熟的高可用性解决方案。

## 9.6.2 MapR Hadoop

Cloudera 和 Hortonworks 均是在不断地提交代码以完善 Apache Hadoop，而 2009 年成立的 MapR 公司则在 Hadoop 领域显得有些特立独行，它提供了一款独特的发行版。

各大厂商都知道 Hadoop 在性能、可靠性、扩展性以及企业级应用上存在一定的弱点。MapR 则认为，Hadoop 的这些缺陷来自其架构设计本身，因此 MapR 使用新架构重写 HDFS，同时在 API 级别与目前的 Hadoop 发行版保持兼容。MapR 通过两年的时间成功地构建出一个 HDFS 的替代品，这个替代品比当前的开源版本快三倍，它自带快照功能，而且支持无 NameNode 单点故障，并在 API 上兼容，所以可以考虑将之作为替代方案。MapR Hadoop 的特点主要有以下几点。

（1）MapR Hadoop 不再需要单独的 NameNode，元数据分散在集群中，也类似数据默认存储三份。

（2）不再需要用 NAS 来协助 NameNode 做元数据备份，提高了机器使用率。

（3）可以使用 NFS 直接访问 HDFS，提高了与旧应用的兼容性。

（4）提供的镜像功能也很适合做数据备份，而且支持跨数据中心的镜像，快照功能对于数据的恢复作用明显。

## 9.6.3 华为 Hadoop

华为的 Hadoop 版本基于自研的 Hadoop HA 平台，构建 NameNode、JobTracker、HiveServer 的 HA 功能，进程故障后系统自动故障转移，无须人工干预。它也是对 Hadoop 的小修补，但不如 MapR 解决得彻底。华为在 Hadoop 社区中的 Contributor（贡献者）和 Committer（提交者）也是国内最多的。

# 本章小结

本章主要介绍了 Hadoop 的商业版本。首先提出了 Hadoop 集群的管理带来的巨大挑战，让读者认识到 Hadoop 商业版本在企业应用中的重要性。接下来重点介绍了 CDH 版 Hadoop 集群的部署与使用、CDH 搭建 Hadoop 集群的方法，以及 Cloudera Manager 提供的主要管理功能。最后本章还对 Hadoop 其他商业发行版（如 HDP、MapR Hadoop 和华为 Hadoop）做了简单介绍。

# 习题

一、填空题

1. Cloudera Manager 的主要组件包括_____、_____、_____、_____、Cloudera

Repository 和 Clients。

  2. Cloudera Manager 提供的管理功能有_____、_____、_____和_____。

  3. Cloudera Manager 提供的监控功能有_____、_____、_____、_____、_____和_____。

## 二、简答题

1. 简述 Cloudera Manager 的主要特点。
2. 分别简述 Service 和 Service Instance 的概念。
3. 分别简述 Role、Role Instance 和 Role Group 的概念。

## 三、上机题

1. 根据 9.4 节，完成 Cloudera Manager 和 CDH 的离线部署，搭建 CDH 集群环境。
2. 在 Cloudera Manager 管理菜单中启动 HDFS HA 和 YARN HA。

# 第10章 Hadoop实战案例

**学习目标**
- 了解项目背景
- 掌握 Apache Avro 的应用方法
- 运用 HDFS+MapReduce 完成项目案例

学习 Hadoop 的目的除了存储和管理大数据之外,就是对数据进行计算分析。问题是时代的声音,回答并指导解决问题是理论的根本任务。本章将运用前面学过的 HDFS 和 MapReduce 完成 Avro 文件合并多目录输出、网页域名分区统计和电商平台商品评价数据分析三个案例,这三个案例都源于浪潮集团真实的大数据项目,是对真实的企业项目进行的提炼转换。

## 10.1 项目背景

项目背景

随着企业互联网的应用普及、电子商务的快速发展,互联网已经成为人们获取资源与信息的重要手段,互联网数据的价值也越来越重要。互联网信息可以为经济走势、行业趋势以及企业的发展分析提供有利的数据支撑,因此,在互联网经济越来越普及的情况下,加强企业互联网经营行为数据的采集和分析就成为掌握经济动态和商业运行规律的重要手段。

某省经信委迫切需要建立一套高效的互联网企业信息采集和信息管理平台,利用大数据技术及时、准确、高效地获取互联网企业经营活动的信息,并基于这些数据,通过结合定性化和定量化方法来创建用户画像,掌控企业在互联网上的动态变化趋势,并以数据为支撑,发布企业发展报告,服务于政府、服务于企业,制定正确决策、预测未来企业发展趋势。

项目的建设是利用云计算、大数据技术，全面获取互联网关于企业的经营活动信息，并对数据进行深度挖掘，得到便于分析应用、具有较高价值的企业个体数据。项目复杂程度较高，涉及的大数据技术较多，通过对整个项目的提炼转换形成了适合本书学习的三个案例：Avro 文件合并多目录输出、网页域名分区统计和电商平台商品评价数据分析。

## 10.2 Apache Avro

本章的前两个案例都涉及 Avro 文件处理，Avro 是 Hadoop 中的一个子项目，也是 Apache 中的一个独立的顶级项目，为了更好地理解和完成案例应用，我们首先对 Apache Avro 进行简单介绍。

### 10.2.1 Apache Avro 概述

Apache Avro（以下简称 Avro）是一个数据序列化系统，是一个基于二进制数据传输高性能的中间件，它可以将数据结构或对象转化成便于存储及传输的格式。在 Hadoop 的其他项目中，如 HBase 和 Hive 的客户端与服务端的数据传输也采用了这个工具。Avro 提供的主要功能有以下几种。

Apache Avro 概述

（1）丰富的数据结构。

（2）一种紧凑、快速的二进制数据格式。

（3）容器文件，用于存储持久性数据。

（4）远程过程调用。

（5）与动态语言的简单集成。读取或写入数据文件，使用或实现 RPC 协议均不需要代码生成。

### 10.2.2 Schema

Avro 支持跨编程语言实现（C、C++、C#、Java、Python、Ruby 和 PHP），但 Avro 依赖于 Schema。Avro 数据的读写操作非常频繁，这些操作都需要使用 Schema，这样就减少了写入每个数据资料的开销，使序列化快速而且轻巧。另外，数据及其 Schema 完全是自描述的，因此便于使用动态脚本语言。

Schema

将 Avro 数据存储在文件中时，其 Schema 也会随之存储，这就使得任何程序都可以处理文件，如果读取数据的程序需要不同的 Schema，那么可以很容易地解决这个问题，因为两个 Schema 都存在。

1. 定义 Schema

Avro Schema 是使用 JSON 定义的，它由基本类型（null、boolean、int、long、float、double、bytes 和 string）和复杂类型（record、enum、array、map、union 和 fixed）组成。定义 Schema 的文件是以".avsc"为扩展名的文本文件，下面定义一个简单的 Schema 示例 user.avsc。

```
{"namespace": "example.avro",
 "type": "record",
 "name": "User",
 "fields": [
     {"name": "name", "type": "string"},
     {"name": "favorite_number", "type": ["int", "null"]},
     {"name": "favorite_color", "type": ["string", "null"]}
 ]
}
```

这个 Schema 定义了代表 User 的记录，每个 JSON 字符串的含义如下。

① namespace：限定名称的字符串。

② type：定义 Schema 的类型为 record。

③ name：提供 record 名称的字符串。

④ fields：定义一个 JSON 数组，其中每个 JSON 字符串都由 name（属性名称）和 type（属性类型）组成。

2. 编译 Schema

Avro 支持代码生成功能，能够基于定义的 Schema 自动创建 Java Bean 类（本章以 Java 语言为基础进行讲解），定义了类之后，我们无须直接在程序中使用 Schema，而是直接使用生成的 Java Bean 类。生成代码执行如下命令。

```
java -jar /path/to/avro-tools-1.8.2.jar compile schema <schema file>
<destination>
```

如果使用 Avro Maven 插件，就不用手动调用 Schema 编译器，插件会自动对配置的源目录中存在的任何 .avsc 文件执行代码生成。

### 10.2.3　Avro 序列化与反序列化案例

本节通过一个案例演示如何在 Maven 项目中使用 Avro 进行序列化和反序列化。

（1）步骤一，创建名称为 hadoop_case 的 Maven 项目，并在 POM 中添加依赖及 Avro Maven 插件。

Avro 序列化与反序列化案例

Avro 依赖：

```
<dependency>
  <groupId> org.apache.avro </ groupId>
  <artifactId> avro </ artifactId>
  <version> 1.8.2 </ version>
</ dependency>
```

Avro Maven 插件（用于执行代码生成）：

```
<plugin>
  <groupId>org.apache.avro</groupId>
  <artifactId>avro-maven-plugin</artifactId>
```

```xml
      <version>1.8.2</version>
      <executions>
        <execution>
          <phase>generate-sources</phase>
          <goals>
            <goal>schema</goal>
          </goals>
          <configuration>
            <!--定义 Schema 文件的源目录-->
            <sourceDirectory>
                ${project.basedir}/src/main/avro/
            </sourceDirectory>
            <!--定义代码生成的目录-->
            <outputDirectory>
                ${project.basedir}/src/main/java/
            </outputDirectory>
          </configuration>
        </execution>
      </executions>
</plugin>
<plugin>
    <groupId>org.apache.maven.plugins</groupId>
    <artifactId>maven-compiler-plugin</artifactId>
    <configuration>
      <source>1.8</source>
      <target>1.8</target>
    </configuration>
</plugin>
```

（2）步骤二，在项目中创建 src/main/avro 目录，并在该目录下创建名称为 User.avsc 的 Schema 文件。Schema 文件内容如下。

```
{"namespace": "com.inspur.hadoop.model",
 "type": "record",
 "name": "User",
 "fields": [
      {"name": "name", "type": "string"},
      {"name": "age",  "type": "int"},
      {"name": "sex",  "type": "string"}
 ]
}
```

（3）步骤三，通过 Avro Maven 插件生成 User.java 代码，部分代码如图 10-1 所示。

```
@org.apache.avro.specific.AvroGenerated
public class User extends org.apache.avro.specific.SpecificRecordBase implements org.apache.avro.specific.SpecificRecord {
    public static final org.apache.avro.Schema SCHEMA$ = new org.apache.avro.Schema.Parser().
        parse( s: "{\"type\":\"record\",\"name\":\"User\",\"namespace\":\"com.inspur.hadoop.model\",\"fields\":[{\"name\":\"na
    public static org.apache.avro.Schema getClassSchema() { return SCHEMA$; }
    @Deprecated public java.lang.CharSequence name;
    @Deprecated public int age;
    @Deprecated public java.lang.CharSequence sex;
```

图 10-1  User.Java 代码示例

（4）步骤四，序列化。创建 SerializeTest 类，并在类中创建 user1、user2、user3 三个对象，然后通过 Avro 将三个对象序列化到本地磁盘，详细代码如下所示。

```java
public class SerializeTest {
    public static void main(String[] args) throws IOException {
        /*通过 set 和 get 方法创建 user1 用户*/
        User user1 = new User();
        user1.setName("Jack");
        user1.setAge(20);
        user1.setSex("男");
        /*通过构造函数创建 user2 用户*/
        User user2 = new User("Jerry",21,"男");
        /*通过构建器创建 user3 用户*/
        User user3 = User.newBuilder().setName("Mary").setAge(19).setSex("女").build();
        //声明 DatumWriter 和 DataFileWriter 对象
        DatumWriter<User> userDatumWriter =
            new SpecificDatumWriter<User>(User.class);
        DataFileWriter<User> dataFileWriter =
            new DataFileWriter<User>(userDatumWriter);
        //创建在本地磁盘 F:\\file 目录下的 users.avro 文件
        dataFileWriter.create(user1.getSchema(), new File("F:\\file\\users.avro"));
        //分别将三个用户序列化到 users.avro 文件中
        dataFileWriter.append(user1);
        dataFileWriter.append(user2);
        dataFileWriter.append(user3);
        dataFileWriter.close();
    }
}
```

（5）步骤五，反序列化。创建 deSerializeTest 类，将 Users.avro 中的数据反序列化为 User 对象，详细代码如下所示。

```java
public class deSerializeTest {
    public static void main(String[] args) throws IOException {
        DatumReader<User> userDatumReader =
            new SpecificDatumReader<User>(User.class);
        DataFileReader<User> dataFileReader = new DataFileReader<User>(
            new File("F:\\file\\users.avro") , userDatumReader);
        User user = null;
        while (dataFileReader.hasNext()) {
            user = dataFileReader.next(user);
            System.out.println(user);
        }
    }
}
```

结果输出如下。

```
{"name": "Jack", "age": 20, "sex": "男"}
{"name": "Jerry", "age": 21, "sex": "男"}
{"name": "Mary", "age": 19, "sex": "女"}
```

本节对 Apache Avro 进行了简单讲解，如果想要了解更多内容，可查阅官方文档。

## 10.3 案例一：Avro 文件合并及多目录输出

需求概述

### 10.3.1 需求概述

数据采集平台可以根据指定的详细信息，自动对数据进行整理汇总，并对数据进行分类和聚合。在此项目的数据处理过程中，会产生多个使用 Avro 序列化存储的数据文件，我们需要对这些数据文件进行合并，并按照数据信息的某个属性进行分类，将之保存在不同目录中。

本案例需要实现处理"Person"数据的功能，将保存在多个 Avro 文件中的 Person 数据进行合并，并按照 Person 的 sex 属性进行分类，将性别为男性的数据输出到一个文件中，将性别为女性的数据输出到另一个文件中。

### 10.3.2 数据描述

因为本书只讲解 Hadoop 的相关内容，不涉及数据采集的相关内容，所以提供了 persons1.avro、persons2.avro 和 persons3.avro 三个数据文件作为本案例处理的源文件，文件列表如图 10-2 所示。

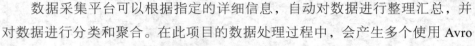

图 10-2 生成的 User.Java 代码示例

persons1.avro 中的数据内容如下。

```
{"age": 18, "name": "Alice", "sex": false, "salary": 100.1, "childrenCount": 1}
{"age": 18, "name": "Charlie", "sex": true, "salary": 200.0, "childrenCount": 2}
{"age": 20, "name": "Howard", "sex": false, "salary": 210.2, "childrenCount": 2}
```

persons2.avro 中的数据内容如下。

```
{"age": 14, "name": "Alice", "sex": false, "salary": 0.0, "childrenCount": 0}
{"age": 30, "name": "Charlie", "sex": false, "salary": 200.0, "childrenCount": 1}
{"age": 50, "name": "Howard", "sex": false, "salary": 2000.0, "childrenCount": 2}
```

persons3.avro 中的数据内容如下。

```
{"age": 16, "name": "Lucy", "sex": false, "salary": 0.0, "childrenCount": 0}
```

```
    {"age": 27, "name": "Lily", "sex": true, "salary": 220.0, "childrenCount": 1}
    {"age": 43, "name": "Jack", "sex": true, "salary": 2210.0, "childrenCount": 4}
```

以上数据使用 Avro Record 格式进行存储，其 Schema 如下。

```
{
    "namespace": "com.inspur.hadoop.model",
    "type": "record",
    "name": "Person",
    "fields": [
        {
            "name": "age",
            "type": "int",
            "doc": "年龄"
        },
        {
            "name": "name",
            "type": "string",
            "doc": "姓名"
        },
        {
            "name": "sex",
            "type": "boolean",
            "doc": "性别, true: 男, false: 女"
        },
        {
            "name": "salary",
            "type": "double",
            "doc": "薪水"
        },
        {
            "name": "childrenCount",
            "type": "int",
            "doc": "孩子数量"
        }
    ]
}
```

### 10.3.3 设计思路分析

我们在前面介绍过 MapReduce 的编程思想，MapReduce 作业会逐行读取文件中的数据，以<key,value>的数据作为作业输入，并生成<key,value>作为作业输出。

map 任务会逐行读取 persons1.avro、persons2.avro 和 persons3.avro 中的每条 Person 数据，并以数据的 sex 属性作为 key 值，Person 数据作为 value 值输出到 reduce 任务。如输入的 Person 数据为{"age": 27, "name": "Lily", "sex": true, "salary": 220.0, "childrenCount": 1}，那么 map 任务输出到 reduce 的数据为<"male", {"age": 27, "name": "Lily", "sex": true, "salary": 220.0, "childrenCount": 1}>。这里需要注意的是，在 Schema 中定义的 sex 属性的值，如果为 true 则

为男性；如果为 false 则为女性。通过以上分析，Mapper 的输入类型定义为<AvroKey<Person>, NullWritable>，输出类型定义为<Text, AvroValue<Person>>。

reduce 任务会将 map 任务输出的数据，按照 key（也就是 sex）进行分类聚合，把相同性别的数据作为一组数据输出到一个文件中。如<"male", {"age": 27, "name": "Lily", "sex": true, "salary": 220.0, "childrenCount": 1}>, <"mail",{"age": 18, "name": "Charlie", "sex": true, "salary": 200.0, "childrenCount": 2}>会输出到一个文件中，而<"female",{"age": 20, "name": "Howard", "sex": false, "salary": 210.2, "childrenCount": 2}会输出到另一个文件中。reduce 任务输出到 Avro 文件的数据为 Person 数据，并且会创建多个输出流，向不同的 Avro 文件中输出数据，所以需要在 setup 方法中通过 AvroMultipleOutputs 获取 Context 中 key 的信息，并按照 key 创建不同的输出流，从而输出到不同文件。通过以上分析，Reducer 的输入也就是 Mapper 的输出，所以输入类型可定义为<Text, AvroValue<Person>>，Reducer 最终输出到的 Avro 文件的数据为 Person 数据，所以输出类型可定义为<AvroKey<Person>, NullWritable>。

### 10.3.4 功能实现

功能实现

1. 将源数据文件上传到 HDFS

本案例的输入/输出文件保存在 HDFS 上，通过以下命令可将文件上传至 HDFS。

```
hdfs dfs -mkdir -p /10-5/input
hdfs dfs -put persons1.avro persons2.avro persons3.avro /10-5/input
```

上传成功后，我们可以通过 Web UI 进行查看，如图 10-3 所示。

| Permission | Owner | Group | Size | Last Modified | Replication | Block Size | Name |
|---|---|---|---|---|---|---|---|
| -rw-r--r-- | wangjian | supergroup | 362 B | 2019/10/21 下午3:03:59 | 1 | 128 MB | persons1.avro |
| -rw-r--r-- | wangjian | supergroup | 362 B | 2019/10/21 下午3:04:11 | 1 | 128 MB | persons2.avro |
| -rw-r--r-- | wangjian | supergroup | 356 B | 2019/10/21 下午3:04:12 | 1 | 128 MB | persons3.avro |

图 10-3 HDFS 中的源数据文件

2. 添加依赖及 Avro Maven 插件

创建 hadoop_cases 项目，在 pom.xml 文件添加 Avro 和 Hadoop 的相关依赖，代码如下所示。

```xml
<dependency>
  <groupId>org.apache.avro</groupId>
  <artifactId>avro</artifactId>
  <version>1.8.2</version>
</dependency>
<dependency>
  <groupId>org.apache.avro</groupId>
  <artifactId>avro-mapred</artifactId>
```

```xml
    <version>1.8.2</version>
</dependency>
<dependency>
  <groupId>org.apache.avro</groupId>
  <artifactId>avro-mapred</artifactId>
  <version>1.8.2</version>
  <classifier>hadoop2</classifier>
</dependency>
<dependency>
  <groupId>org.apache.hadoop</groupId>
  <artifactId>hadoop-common</artifactId>
  <version>2.7.6</version>
</dependency>
<dependency>
  <groupId>org.apache.hadoop</groupId>
  <artifactId>hadoop-mapreduce-client-core</artifactId>
  <version>2.7.6</version>
</dependency>
<dependency>
  <groupId>org.apache.hadoop</groupId>
  <artifactId>hadoop-hdfs</artifactId>
  <version>2.7.6</version>
</dependency>
```

在 pom.xml 文件添加 Avro Maven 插件, 代码如下所示。

```xml
<plugins>
  <plugin>
    <groupId>org.apache.avro</groupId>
    <artifactId>avro-maven-plugin</artifactId>
    <version>1.8.2</version>
    <executions>
      <execution>
        <phase>generate-sources</phase>
        <goals>
          <goal>schema</goal>
        </goals>
        <configuration>
          <sourceDirectory>${project.basedir}/src/main/avro/</sourceDirectory>
          <outputDirectory>${project.basedir}/src/main/java/</outputDirectory>
        </configuration>
      </execution>
    </executions>
  </plugin>
  <plugin>
    <groupId>org.apache.maven.plugins</groupId>
    <artifactId>maven-compiler-plugin</artifactId>
    <configuration>
      <source>1.8</source>
      <target>1.8</target>
    </configuration>
```

```
        </plugin>
    </plugins>
```

### 3. 自动生成 Person.java 对象

在项目目录下创建 avro 目录，并在目录下创建 Person.avsc 文件，文件内容为 10.3.2 节中的 Schema，执行 maven complile 编译项目，自动生成 com.inspur.hadoop.model.Person.java 对象，如图 10-4 所示。

```
/all/
@org.apache.avro.specific.AvroGenerated
public class Person extends org.apache.avro.specific.SpecificRecordBase implements org.apache.avro.specific.SpecificRecord {
    public static final org.apache.avro.Schema SCHEMA$ = new org.apache.avro.Schema.Parser().
            parse( s: "{\"type\":\"record\",\"name\":\"Person\",\"namespace\":\"com.inspur.hadoop.model\",\"fields\":[{\"name\":\"
    public static org.apache.avro.Schema getClassSchema() { return SCHEMA$; }
    /** 年龄 */
    @Deprecated public int age;
    /** 姓名 */
    @Deprecated public java.lang.CharSequence name;
    /** 性别，true：男，false：女 */
    @Deprecated public boolean sex;
    /** 薪水 */
    @Deprecated public double salary;
    /** 孩子数量 */
    @Deprecated public int childrenCount;
```

图 10-4 Person.java

### 4. 实现 Mapper 和 Reducer 类

根据设计思路分析，实现 Mapper 类和 Reducer 类，主要实现代码如下所示。

```java
public class AvroCombineMapper extends Mapper<AvroKey<Person>,
NullWritable, Text, AvroValue<Person>> {
    Text textValue = new Text();        //声明 Text 对象保存输出的 key 值
    //声明 AvroValue 对象用于输出的 Person 数据
    AvroValue<Person> avroValue = new AvroValue<Person>();
    @Override
    public void map(AvroKey<Person> key, NullWritable value, Context context)
        throws IOException, InterruptedException {
        if(key.datum().getSex()){    //如果数据的 sex 属性值为 true，则为男性
            textValue = new Text("male");
        }else {
            textValue = new Text("female");
        }
        //将 AvroKey 中的数据包装到 AvroValue 对象中
        avroValue.datum(key.datum());
        //将 Mapper 处理的数据输出到 Reducer
        context.write(textValue,avroValue);
    }
}
public class AvroCombineReducer extends Reducer<Text, AvroValue<Person>,
```

```
    AvroKey<Person>, NullWritable> {
        private AvroMultipleOutputs avroMultipleOutputs;
        AvroKey<Person> avroKey = new AvroKey<Person>();
        @Override
        protected void setup(Context context) throws IOException,
InterruptedException {
                //AvroMultipleOutputs 对 Context 进行处理，根据 key 创建不同输出流
    avroMultipleOutputs = new AvroMultipleOutputs(context);
        }
        @Override
        public void reduce(Text key, Iterable<AvroValue<Person>> values, Context
context)
        throws IOException, InterruptedException {
            for(AvroValue<Person> value:values){
                avroKey.datum(value.datum());
                avroMultipleOutputs.write(avroKey,NullWritable.get(),key.
toString());
            }
        }
    }
```

5. 开发多文件打包工具类 CombineAvroKeyInputFormat

在 MapReduce 程序的运行过程中，输入的原始文件会被 FileInputFormat 类分割为不同的块交给 map 任务处理，FileInputFormat 只支持对一个文件的处理，但本案例中有 persons1.avro、persons2.avro 和 persons3.avro 三个文件，如果再使用它们，会导致产生大量的 map 任务而带来额外的开销。为了解决处理多个文件的情况，Hadoop 提供了一种 CombineFileInputFormat 类，它可以将多个文件打包到一个分片中交给一个 map 任务处理，这样可以提高处理的效率。但是 CombineFileInputFormat 是一个抽象类，需要对它进行具体实现，完成完整的逻辑。代码实现如下所示。

```
    public class CombineAvroKeyInputFormat<T>
        extends CombineFileInputFormat<AvroKey<T>, NullWritable> {
        @Override
        public RecordReader<AvroKey<T>, NullWritable> createRecordReader(
            InputSplit inputSplit, TaskAttemptContext context) throws IOException {

            Class x = AvroKeyRecordReaderWrapper.class;
            return new CombineFileRecordReader<>((CombineFileSplit)
inputSplit,context,
                (Class<? extends RecordReader<AvroKey<T>, NullWritable>>) x);
        }
        public static class AvroKeyRecordReaderWrapper<T>
            extends CombineFileRecordReaderWrapper<AvroKey<T>, NullWritable> {
                public AvroKeyRecordReaderWrapper(
                    CombineFileSplit split, TaskAttemptContext context,
Integer idx)
                    throws IOException, InterruptedException {
                    super(new AvroKeyInputFormat<T>(), split, context, idx);
```

```
        }
      }
    }
```

### 6. 开发驱动类

在驱动类中，需要设置主类、Mapper 处理类、Reducer 处理类、Mapper 输出键值对类型和 Reducer 输出键值对类型，还需要设置源数据的路径和输出路径。驱动类具体代码实现如下。

```java
public class AvroCombine {
    private static String HDFS_PATH="hdfs://192.168.100.100:8020/";
    public static void main(String[] args) throws
            IOException, ClassNotFoundException, InterruptedException {
        Configuration configuration = new Configuration();
        Job job = Job.getInstance(configuration);
        job.setJarByClass(AvroCombine.class);
        job.setJobName("Avro Combine");
        FileInputFormat.setInputPaths(job,new Path(args[0]));
        FileOutputFormat.setOutputPath(job,new Path(args[1]));
        job.getConfiguration().setFloat(
                MRJobConfig.COMPLETED_MAPS_FOR_REDUCE_SLOWSTART,1.0f);
        CombineAvroKeyInputFormat.setMinInputSplitSize(job,1024L);
        CombineAvroKeyInputFormat.setMaxInputSplitSize(job,256*1024*1024L);
        job.setInputFormatClass(CombineAvroKeyInputFormat.class);
        job.setMapperClass(AvroCombineMapper.class);
        AvroJob.setInputKeySchema(job, Person.getClassSchema());
        job.setMapOutputKeyClass(Text.class);
        job.setMapOutputValueClass(AvroValue.class);
        AvroJob.setMapOutputValueSchema(job,Person.getClassSchema());
        LazyOutputFormat.setOutputFormatClass(job,
AvroKeyValueOutputFormat.class);
        job.setOutputFormatClass(AvroKeyOutputFormat.class);
        job.setReducerClass(AvroCombineReducer.class);
        AvroJob.setOutputKeySchema(job,Person.getClassSchema());
        job.waitForCompletion(true);
    }
}
```

### 7. 运行 MapReduce 程序

执行 maven package 将项目编译为 JAR 包，并且通过执行以下命令运行 MapReduce 程序。

```
hadoop jar hadoop_case-1.0-SNAPSHOT.jar        //执行 JAR 文件
    com.inspur.hadoop.mr.AvroCombine            //驱动类名称
    hdfs://192.168.100.100:8020/10-1/input      //源数据目录
    hdfs://192.168.100.100:8020/10-1/output     //结果数据目录
```

执行成功之后，会在 HDFS 的 "/10-1/output" 目录下出现 female-r-00000.avro 和 male-r-00000.avro 两个文件，如图 10-5 所示。

| Permission | Owner | Group | Size | Last Modified | Replication | Block Size | Name |
|---|---|---|---|---|---|---|---|
| -rw-r--r-- | wangjian | supergroup | 538 B | 2019/10/25 下午4:25:02 | 1 | 128 MB | female-r-00000.avro |
| -rw-r--r-- | wangjian | supergroup | 483 B | 2019/10/25 下午4:25:02 | 1 | 128 MB | male-r-00000.avro |

图 10-5　Avro 文件合并多目录输出文件

其中 female-r-00000.avro 文件中的数据内容如下。

```
{"age": 16, "name": "Lucy", "sex": false, "salary": 0.0, "childrenCount": 0}
{"age": 50, "name": "Howard", "sex": false, "salary": 2000.0, "childrenCount": 2}
{"age": 30, "name": "Charlie", "sex": false, "salary": 200.0, "childrenCount": 1}
{"age": 14, "name": "Alice", "sex": false, "salary": 0.0, "childrenCount": 0}
{"age": 20, "name": "Howard", "sex": false, "salary": 210.2, "childrenCount": 2}
{"age": 18, "name": "Alice", "sex": false, "salary": 100.1, "childrenCount": 1}
```

male-r-00000.avro 文件中的数据内容如下。

```
{"age": 43, "name": "Jack", "sex": true, "salary": 2210.0, "childrenCount": 4}
{"age": 27, "name": "Lily", "sex": true, "salary": 220.0, "childrenCount": 1}
{"age": 18, "name": "Charlie", "sex": true, "salary": 200.0, "childrenCount": 2}
```

## 10.4　案例二：网页域名分区统计

### 10.4.1　需求概述

需求概述

数据采集平台对互联网数据的采集监测覆盖面广，可以独立添加任意网站作为源目标，支持任意电子商务网站、第三方平台网站、行业信息、政策经济等多类型网站的数据采集与转化。本案例主要是对使用爬虫爬取到的互联网页面进行域名数据抽取统计，并按照域名进行分区存储，形成企业个体数据单元，实现数据个体化。

### 10.4.2　数据描述

爬虫爬取到的互联网页面数据以 Avro 文件格式存储在 HDFS 上，使用的 Schema 如下。

```
{
    "type": "record",
    "name": "Event",
    "namespace": "com.inspur.hadoop.model",
    "fields": [
        {
            "name": "headers",
            "type": {
                "type": "map",
                "values": "string"
```

```
            }
        },
        {
            "name": "body",
            "type": "bytes"
        }
    ]
}
```

上述 Schema 中的 headers 字段为请求网页时的 response headers 信息，body 字段是使用 avro 格式进行序列化后的二进制内容，以字节类型保存数据，该字段使用的 Schema 的核心代码如下。

```
{
    "namespace": " com.inspur.hadoop.model ",
    "type": "record",
    "name": "UrlParseRequest",
    "fields": [
        {
            "name": "taskId",
            "type": [
                "long",
                "null"
            ],
            "doc": "任务 ID"
        },
        {
            "name": "taskInstanceId",
            "type": [
                "string",
                "null"
            ],
            "doc": "任务执行实例 ID"
        },
        {
            "name": "domain",
            "type": [
                "string",
                "null"
            ],
            "doc": "此 URL 对象的 URL 对应的域名"
        },
        {
            "name": "url",
            "type": [
                "string",
                "null"
            ],
            "doc": "目标 URL"
```

```
        },
        {
                "name": "currentDepth",
                "type": [
                        "int",
                        "null"
                ],
                "doc": "当前爬取深度"
        },
        {
                "name": "httpMethodName",
                "type": [
                        "string",
                        "null"
                ],
                "doc": "请求方式",
                "default": "GET"
        },
        {
                "name": "failureCount",
                "type": [
                        "int",
                        "null"
                ],
                "doc": "爬取失败次数"
        },
        {
                "name": "domContent",
                "type": "bytes",
                "doc": "爬取到的内容"
        },
        {
                "name": "httpStatus",
                "type": [
                        "string",
                        "null"
                ],
                "doc": "爬取结果中http返回的状态码"
        }
    ]
}
……
```

其中 domContent 字段为使用 Snappy 压缩后的原始网页内容。Snappy 是一种快速的压缩和解压缩库，它的目标是进行高速、合理的压缩。

本案例包含天猫、淘宝、美团、大众点评、途牛网和其他网页数据的 Avro 文件作为数据处理文件，文件列表如图 10-6 所示。

```
/10-2/input

Permission  Owner     Group        Size       Last Modified          Replication  Block Size  Name
-rw-r--r--  wangjian  supergroup   1.9 MB     2019/10/27 下午1:53:01   1           128 MB      2a3f273e-7704-41d3-bcc9-01f7e1c7f1aa-r-00103.avro
-rw-r--r--  wangjian  supergroup   7.9 MB     2019/10/27 下午1:53:01   1           128 MB      2bac3514-6f14-43fc-9bee-69ce108c6c3a-r-00146.avro
-rw-r--r--  wangjian  supergroup   131.82 MB  2019/10/27 下午1:53:02   1           128 MB      7c0b7f00-40b9-49d1-a55f-9bd18dbddba4-r-00034.avro
-rw-r--r--  wangjian  supergroup   26.37 KB   2019/10/27 下午1:53:03   1           128 MB      82e03dc4-19f4-4f8c-af2f-a942745e0d54-r-00116.avro
-rw-r--r--  wangjian  supergroup   445.94 KB  2019/10/27 下午1:53:03   1           128 MB      a6a19419-d9ff-4cba-9484-3887f4b0e632-r-00203.avro
-rw-r--r--  wangjian  supergroup   214.73 KB  2019/10/27 下午1:53:03   1           128 MB      ac9ff258-3857-4731-b8fa-eb8db9aa5695-r-00082.avro
-rw-r--r--  wangjian  supergroup   3.04 MB    2019/10/27 下午1:53:03   1           128 MB      c304f176-baaf-48fb-8a65-6453b29ca7e8-r-00011.avro
-rw-r--r--  wangjian  supergroup   5.21 MB    2019/10/27 下午1:53:04   1           128 MB      d20438bb-3e36-4609-85df-f348eef6223f-r-00112.avro
-rw-r--r--  wangjian  supergroup   425.76 KB  2019/10/27 下午1:53:04   1           128 MB      d9971688-b854-4084-a878-69b399fd58b2-r-00047.avro
-rw-r--r--  wangjian  supergroup   41.48 KB   2019/10/27 下午1:53:04   1           128 MB      dab1906f-e2a2-4e86-b9e7-086995fe6cab-r-00077.avro
-rw-r--r--  wangjian  supergroup   3.99 KB    2019/10/27 下午1:53:04   1           128 MB      ef5fd8e2-c78f-4e8b-b0d4-9020e802512b-r-00211.avro
-rw-r--r--  wangjian  supergroup   6.76 MB    2019/10/27 下午1:53:05   1           128 MB      fb07054b-1173-4856-a27d-84a2be2b291c-r-00116.avro
-rw-r--r--  wangjian  supergroup   111.69 KB  2019/10/27 下午1:53:05   1           128 MB      fbd87712-80e9-4240-85cc-54c7a86632b9-r-00060.avro
```

图 10-6　网页域名分区统计源文件文件列表

### 10.4.3　设计思路分析

本案例主要是对爬虫爬取到的互联网数据进行域名抽取，并且将数据按照域名分区保存在不同的文件中。从数据描述中可知，在 Event 对象的 body 字段中保存着 url 信息，我们可以从 url 中获取域名信息，所以 map 任务的主要功能就是读取源文件中的每条数据，并将读取到的数据的 body 进行反序列化从而得到 url，然后从 url 中获取域名，作为 Mapper 输出的 key 值。Mapper 的输入类型定义为<AvroKey<Event>, NullWritable>，因为还需要对域名出现的次数进行统计，所以输出类型可定义为<Text, IntWritable>。

相比 map 任务，reduce 任务的功能更加简单，主要是对每个域名出现的次数进行统计，然后输出到 HDFS 文件中，它的输入类型定义为<Text,Writable>，输出类型定义为<Text, IntWritable>。

按照域名进行分区存储，可以通过第 6 章中介绍的 Partitioner 实现，所以本案例主要的难点是 Mapper 中对数据的处理，下面开始实现该功能。

### 10.4.4　功能实现

1. 创建项目，添加项目依赖

本案例在 hadoop_cases 项目中进行开发，项目所需依赖与 10.3 节中的依赖相同，所以在此处不再赘述。

功能实现

2. 代码生成

在项目的 avro 目录中，创建 event.avsc 和 UrlParseRequest.avsc 文件，其中 event.avsc 文件内容为 10.4.2 节中名称为 Event 的 Schema，UrlParseRequest.avsc 文件内容为 body 字段采用的名称为 UrlParseRequest 的 schema，执行 maven complile 编译项目，会在 com.inspur.hadoop.model 包下

自动生成 Event.java（见图 10-7）、UrlParseRequest.java（见图 10-8）和 UrlType.java（见图 10-9，在 UrlParseRequest.avsc 文件中定义了 name 为 UrlType 的枚举类型的子 Schema）三个类。

```
@org.apache.avro.specific.AvroGenerated
public class Event extends org.apache.avro.specific.SpecificRecordBase implements org.apache.avro.spec
  public static final org.apache.avro.Schema SCHEMA$ = new org.apache.avro.Schema.Parser().
          parse("{\"type\":\"record\",\"name\":\"Event\",\"namespace\":\"com.inspur.hadoop.model\",
  public static org.apache.avro.Schema getClassSchema() { return SCHEMA$; }
  @Deprecated public java.util.Map<java.lang.CharSequence,java.lang.CharSequence> headers;
  @Deprecated public java.nio.ByteBuffer body;
```

图 10-7  Event.java

```
public class UrlParseRequest extends org.apache.avro.specific.SpecificRecordBase implements org.apache.avro.specific.SpecificRecord {
  public static final org.apache.avro.Schema SCHEMA$ = new org.apache.avro.Schema.Parser().
          parse("{\"type\":\"record\",\"name\":\"UrlParseRequest\",\"namespace\":\"com.inspur.hadoop.model\",\"fields\":[{\"name\":
  public static org.apache.avro.Schema getClassSchema() { return SCHEMA$; }
  /** 下载流程的追踪 ID */
  @Deprecated public java.lang.CharSequence traceId;
  /** 下载父流程的追踪 ID */
  @Deprecated public java.lang.CharSequence parentTraceId;
  /** 此 URL 对象的标识唯一 ID */
  @Deprecated public java.lang.CharSequence markId;
  /** 解析产生此 URL 的解析规则 ID */
  @Deprecated public java.lang.CharSequence ruleId;
  /** 任务 ID */
  @Deprecated public java.lang.Long taskId;
  /** 任务执行实例 ID */
  @Deprecated public java.lang.CharSequence taskInstanceId;
  /** partition-offset 作为 id 主键 */
  @Deprecated public java.lang.CharSequence id;
  /** 下载流程重试次数异常重下等 */
  @Deprecated public java.lang.Integer attemptCount;
  /** 此 URL 对象的 URL 对应的域名 */
```

图 10-8  UrlParseRequest.java

```
public enum UrlType {
  OTHER, NAV, LIST, INFO ;
  public static final org.apache.avro.Schema SCHEMA$ = new org.apache.avro.Schema.Parser().
          parse("{\"type\":\"enum\",\"name\":\"UrlType\",\"namespace\":\"com.inspur.hadoop.model\",\"symbols\":[\"OTHER\",\"NAV\",\"LIST\",\"INFO\"]}");
  public static org.apache.avro.Schema getClassSchema() { return SCHEMA$; }
}
```

图 10-9  UrlType.java

### 3. 开发 UrlParseRequestDeserializer 和 ByteUtils 工具类

如果要获取网页的域名信息，必须获取保存在每条数据中的 url。从数据描述中可以看出，url 保存在 Event 对象的 body 字段中，body 字段是使用 avro 格式进行序列化后的二进制数据，并且是以字节类型保存的数据。所以，需要开发 ByteUtils 和 UrlParseRequestDeserializer 两个工具类，对 Mapper 中读取到的每条数据的 body 字段进行反序列化。其中 ByteUtils 主要将在 UrlParseRequest 中获取到的 Schema 转换成字节数组，用于判断 body 字段中获取的 Schema 是否与其相同，如果相同则为有效数据，否则为无效数据。

ByteUtils 工具类代码如下：

```java
public class ByteUtils {
    /**
     * 移位方法将 int 转为 byte 数组
     * 将 int 数值转换为占四个字节的 byte 数组，本方法适用于"低位在前，高位在后"的顺序
     * @param value 要转换的 int 值
     * @return byte 数组
     */
    public static byte[] intToBytes(int value) {
        byte[] src = new byte[4];
        src[3] = (byte) ((value >> 24) & 0xFF);
        src[2] = (byte) ((value >> 16) & 0xFF);
        src[1] = (byte) ((value >> 8) & 0xFF);
        src[0] = (byte) (value & 0xFF);
        return src;
    }
}
```

UrlParseRequestDeserializer 代码如下：

```java
public class UrlParseRequestDeserializer {
    public static UrlParseRequest deserialize(byte[] data) {
        SpecificRecordBase request = new UrlParseRequest();

        //获取类型标识符，00 表示格式为字节流，01 表示 JSON 格式
        byte type = data[8];
        if(type==00) {
            Schema schema = request.getSchema();
            byte[] dataSchemaByte = Arrays.copyOfRange(data, 4, 8);
            //判断 Schema 是否正确
            byte[] objByte = Arrays.copyOfRange(data, 9, data.length);
            SpecificDatumReader<SpecificRecordBase> reader =
                new SpecificDatumReader<>(schema);
            Decoder decoder = DecoderFactory.get().binaryDecoder(objByte, null);
            try {
                SpecificRecordBase obj = reader.read(null, decoder);
                for(Schema.Field field : obj.getSchema().getFields()) {
                    request.put(field.name(), obj.get(field.name()));
                }
                return (UrlParseRequest) request;
            } catch (IOException e) {
                e.printStackTrace();
            }
        }
        return null;
    }
}
```

4. 开发 Mapper 和 Reducer 类

根据设计思路分析，实现 Mapper 和 Reducer 类的代码如下所示。

```java
    public class ContentExtractMapper extends Mapper<AvroKey<Event>,
            NullWritable, Text, IntWritable> {
        private static final Logger logger = LoggerFactory.getLogger
(ContentExtractMapper.class);
        @Override
        public void map(AvroKey<Event> key, NullWritable value, Context context)
            throws IOException, InterruptedException {
            if (key == null) return;
            byte[] body = key.datum().getBody().array();
            UrlParseRequest request = null;
            String host = "no-host";
            try {
                // 使用对应的反序列化方法对 body 字段进行反序列化
                request = UrlParseRequestDeserializer.deserialize(body);
                if (request == null) return;
                // 获取 url 信息
                String url = request.getUrl().toString();
                // 从 url 中提取 host 信息
                host = url.split("//",2)[1].split("/",2)[0];
            } catch (Exception e) {
                logger.error(e.getMessage(), e);
            }
            // 依据 host 信息对网页进行统计
            context.write(new Text(host), new IntWritable(1));
        }
    }
    public class ContentExtractReducer extends Reducer<Text, IntWritable, Text,
IntWritable>{
        @Override
        protected void reduce(Text key, Iterable<IntWritable> values, Context
context)
            throws IOException, InterruptedException {
            int count = 0;
            Iterator<IntWritable> iterator = values.iterator();
            while(iterator.hasNext()){
                IntWritable value = iterator.next();
                count += value.get();
            }
            context.write(key, new IntWritable(count));
        }
    }
```

5. 开发分区类

map 任务会通过 Partitoner 类的 getPartition 方法，计算产生的每一对键值对数据发给哪个 reduce 任务。默认情况下，Hadoop 使用 HashPartitioner 进行分区，即通过 key.hashCode()%reduce 任务数判断要分发的 reduce 任务。这种分区方法不适合本案例，所以重新定义分区规则：将域名为 tmall.com 或 taobao.com 的数据发送到第 1 个 reduce 任务中，域名为 dianping.com 或 meituan.com 的数据发送到第 2 个 reduce 任务中，域名为 tuniu.com 的数据发送到第 3 个 reduce 任务中，其他域名数据都发送到第 0 个 reduce 任务中。具体代码实现如下所示。

```
public class DomainPartitioner extends Partitioner<Text, IntWritable> {
    @Override
    public int getPartition(Text text, IntWritable intWritable, int numPartitions) {
        String host = text.toString();
        if(host.endsWith("tmall.com") || host.endsWith("taobao.com") ){
            // 天猫、淘宝
            return 1;
        } else if(host.endsWith("dianping.com") || host.endsWith("meituan.com")){
            // 美团、大众点评
            return 2;
        } else if(host.endsWith("tuniu.com")){
            // 途牛网
            return 3;
        }
        // 其他网站
        return 0;
    }
}
```

6. 开发驱动类

驱动类中除了设置主类、输入/输出路径、Mapper 和 Reducer 输出的键值对类型等信息外，还要设置分区类和 reduce 任务的个数，具体代码实现如下所示。

```
public class JobSubmitter{
    public static void main(String[] args)
        throws IOException, ClassNotFoundException, InterruptedException {
        Configuration configuration = new Configuration();
        Path inputPath = new Path(args[0]);
        Path outputPath = new Path(args[1]);
        Job job = Job.getInstance(configuration, "extract content");
        job.setJarByClass(JobSubmitter.class);
        FileInputFormat.setInputPaths(job, inputPath);
        FileOutputFormat.setOutputPath(job, outputPath);
        job.setInputFormatClass(AvroKeyInputFormat.class);
        AvroJob.setInputKeySchema(job, Event.getClassSchema());
        job.setMapperClass(ContentExtractMapper.class);
        job.setReducerClass(ContentExtractReducer.class);
        job.setPartitionerClass(DomainPartitioner.class);
```

```
            /*由于DomainPartitioner可能会产生4种分类,所以需要4个reduce task接收*/
            job.setNumReduceTasks(4);
            job.setMapOutputKeyClass(Text.class);
            job.setMapOutputValueClass(IntWritable.class);
            job.setOutputKeyClass(Text.class);
            job.setOutputValueClass(IntWritable.class);
            job.waitForCompletion(true);
        }
    }
```

### 7. 运行 MapReduce 程序

执行 maven package 将项目编译为 JAR 包,并且通过执行以下命令运行 MapReduce 程序。

```
hadoop jar hadoop_case-1.0-SNAPSHOT.jar              //执行 JAR 文件
    com.inspur.hadoop.extract.JobSubmitter           //驱动类名称
    hdfs://192.168.100.100:8020/10-2/input           //HDFS 上源数据目录
    hdfs://192.168.100.100:8020/10-2/output          //结果数据目录
```

执行成功之后,会在 HDFS 的 "/10-2/output" 目录下出现 part-r-00000、part-r-000001、part-r-00002、part-r-00003 等文件,如图 10-10 所示。

| Permission | Owner | Group | Size | Last Modified | Replication | Block Size | Name |
|---|---|---|---|---|---|---|---|
| -rw-r--r-- | wangjian | supergroup | 155 B | 2019/10/27 下午7:36:03 | 1 | 128 MB | part-r-00000 |
| -rw-r--r-- | wangjian | supergroup | 152 B | 2019/10/27 下午7:36:03 | 1 | 128 MB | part-r-00001 |
| -rw-r--r-- | wangjian | supergroup | 35 B | 2019/10/27 下午7:36:03 | 1 | 128 MB | part-r-00002 |
| -rw-r--r-- | wangjian | supergroup | 58 B | 2019/10/27 下午7:36:03 | 1 | 128 MB | part-r-00003 |

图 10-10 网页域名分区统计结果文件

part-r-00000 文件内容包含除美团、大众点评、天猫、淘宝和途牛网以外的其他网页域名及出现次数,数据如下:

```
h5.ele.me  26
sac.nifdc.org.cn  8276
stock.vip.com  623
www.chinanpo.gov.cn  64
www.gov.cn  3
www.saic.gov.cn  500
www.tianyancha.com  3975
www.weather.com.cn  17
```

part-r-00001 文件内容为天猫、淘宝相关域名数据及出现次数,数据如下:

```
babudogllh.tmall.com  1
dazhiran.tmall.com  1
```

```
guang.taobao.com     5
mileilan.tmall.com   1
ouzhiyd.tmall.com 1
scportal.taobao.com  100
yingxiangsp.tmall.com 1
```

part-r-00002 文件内容为美团、大众点评相关域名及出现次数，数据如下：

```
i.meituan.com 186
m.dianping.com    1
```

part-r-00003 文件内容为途牛网相关域名及出现次数，数据如下：

```
menpiao.tuniu.com 8995
s.tuniu.com       501
www.tuniu.com 4145
```

## 10.5 案例三：电商平台商品评价数据分析

### 10.5.1 需求描述

在大数据场景之下，为了进行数据分析与挖掘，我们经常需要将分散的数据按照某种联系进行关联，从而形成一张统一、清晰的数据大表。传统数据库可通过主键和外键创建表关联实现类似操作，但在大数据量的业务场景下，传统数据库却难以胜任，此时便需要使用大数据处理平台来进行表的关联整合操作。

本案例的主要功能是实现商品信息表（product_info_table）和商品评价表（product_comment_table）两张表的关联整合，两表之间使用商品 ID（product_id）作为关联字段，为分析电商平台的商品销量与评价之间的关系提供数据支持。

### 10.5.2 数据描述

商品信息表（product_info_table）和商品评价表（product_comment_table）是存储在 HDFS 上的 CSV 文件（CSV 文件是以纯文本形式存储表格数据的），如图 10-11 所示。

| Permission | Owner | Group | Size | Last Modified | Replication | Block Size | Name |
|---|---|---|---|---|---|---|---|
| -rw-r--r-- | wangjian | supergroup | 99.52 KB | 2019/10/27 下午8:01:03 | 1 | 128 MB | product_comment_table_demo.csv |
| -rw-r--r-- | wangjian | supergroup | 606.19 KB | 2019/10/27 下午8:01:04 | 1 | 128 MB | product_info_table_demo.csv |

图 10-11 商品信息表和商品评价表

商品信息表（product_info_table）的主要数据字段如下。

- product_id：商品 ID。
- product_category：商品类型。
- product_sales：商品销量。

- product_price：商品价格。
- product_desc：商品描述。

商品评价表（product_comment_table）的主要数据字段如下。
- product_id：商品ID。
- user_id：评论用户ID。
- comment_detail：评论内容。

### 10.5.3 设计思路分析

本案例整体设计思路如下。

把两张表中的数据根据商品 ID 字段关联输出到同一个文件中，该功能实现的总体思路为：定义一个封装类，该类包含两张表中的所有数据字段，它会作为 MapReduce 的最终输出类型，把关联的数据输出到结果文件中。

map 任务的主要功能是逐行读取商品信息表（product_info_table）和商品评价表（product_comment_table）中的数据，以关联字段商品 ID（product_id）作为 map 方法输出的 key，并且将所有字段封装在自定义的封装类对象中作为 value。在 map 处理阶段需要注意正在处理的数据来自哪个表，以此将来自不同表中的数据分离，可以通过 MapReduce 中上下文（Context）来获取文件切片信息（InputSplit），从而获得文件名称以判断是哪张表中的数据。

reduce 任务的主要功能是对 map 输出的每一组数据进行拼接关联，在 reduce 方法中如何连接两表中的数据是表 join 算法实现的难点。在该设计中应用 ArrayList 集合来保存商品评价表（product_comment_table）的数据，最后通过遍历集合，将符合关联条件的数据放入 ProductBean 中并输出到结果文件中。

### 10.5.4 功能实现

#### 1. 创建项目，添加依赖

本案例同样是在 hadoop_cases 项目中进行开发的，项目所需依赖只有 HDFS 和 MapReduce 相关依赖，且在 10.3 节的案例中已添加到 pom 文件中，所以在此处不再赘述。

功能实现

#### 2. 开发数据封装类 ProductBean

为了让 MapReduce 能够正确序列化和反序列化数据封装类，ProduceBean 需要实现 Hadoop 的 Writable 接口，主要代码如下。

```
public class ProductBean implements Writable {
    /*表名*/
    private String table_name;
    /*商品ID*/
    private String product_id;
```

```java
        /*商品类别*/
        private String product_category;
        /*商品销量*/
        private int product_sales;
        /*商品价格*/
        private double product_price;
        /*商品描述*/
        private String product_desc;
        /*评论用户ID*/
        private String user_id;
        /*评论内容*/
        private String comment_detail;
        public ProductBean() {
        }
        public ProductBean(String product_id, String product_category, int product_sales,
                double product_price, String product_desc, String user_id,
                String comment_detail, String table_name) {
            this.product_id = product_id;
            this.product_category = product_category;
            this.product_sales = product_sales;
            this.product_price = product_price;
            this.product_desc = product_desc;
            this.user_id = user_id;
            this.comment_detail = comment_detail;
            this.table_name = table_name;
        }
        public String getTable_name() {
            return table_name;
        }
        public void setTable_name(String table_name) {
            this.table_name = table_name;
        }
        public String getProduct_id() {
            return product_id;
        }
        public void setProduct_id(String product_id) {
            this.product_id = product_id;
        }
        public String getProduct_category() {
            return product_category;
        }
        public void setProduct_category(String product_category) {
            this.product_category = product_category;
        }
        public int getProduct_sales() {
            return product_sales;
        }
        public void setProduct_sales(int product_sales) {
```

```java
        this.product_sales = product_sales;
    }
    public double getProduct_price() {
        return product_price;
    }
    public void setProduct_price(double product_price) {
        this.product_price = product_price;
    }
    public String getProduct_desc() {
        return product_desc;
    }
    public void setProduct_desc(String product_desc) {
        this.product_desc = product_desc;
    }
    public String getUser_id() {
        return user_id;
    }
    public void setUser_id(String user_id) {
        this.user_id = user_id;
    }
    public String getComment_detail() {
        return comment_detail;
    }
    public void setComment_detail(String comment_detail) {
        this.comment_detail = comment_detail;
    }
    @Override
    public void write(DataOutput out) throws IOException {
        out.writeUTF(product_id);
        out.writeUTF(product_category);
        out.writeInt(product_sales);
        out.writeDouble(product_price);
        out.writeUTF(product_desc);
        out.writeUTF(user_id);
        out.writeUTF(comment_detail);
        out.writeUTF(table_name);
    }
    @Override
    public void readFields(DataInput in) throws IOException {
        this.product_id = in.readUTF();
        this.product_category = in.readUTF();
        this.product_sales = in.readInt();
        this.product_price = in.readDouble();
        this.product_desc = in.readUTF();
        this.user_id = in.readUTF();
        this.comment_detail = in.readUTF();
        this.table_name = in.readUTF();
    }
    @Override
    public String toString() {
        final StringBuffer sb = new StringBuffer();
```

```
            sb.append(product_id);
            sb.append(", ").append(product_category);
            sb.append(", ").append(product_sales);
            sb.append(", ").append(product_price);
            sb.append(", ").append(product_desc);
            sb.append(", ").append(user_id);
            sb.append(", ").append(comment_detail);
            return sb.toString();
        }
    }
```

**3. 开发 Mapper 和 Reducer**

根据设计思路的描述,Mapper 读取了商品信息表和商品评价表中的数据,表中数据为文本格式,并且以商品 ID 字段作为 key 值,ProduceBean 对象封装数据作为 value 值,所以 Mapper 输入类型可定义为<LongWritable, Text>,输出类型可定义为<Text,ProductBean>。Reducer 是对 Mapper 的数据进行关联,最终将 ProduceBean 封装的数据输出到结果文件中,所以 Reducer 输入类型可定义为<Text,ProductBean>,输出类型可定义为<ProductBean,NullWritable>,Mapper 和 Reducer 的具体实现代码如下所示。

```java
    public class ProductJoinMapper extends Mapper<LongWritable, Text, Text, ProductBean> {
        private String table_name;
        @Override
        protected void setup(Context context) throws IOException, InterruptedException {
            // 判断当前行属于哪个文件
            FileSplit split = (FileSplit) context.getInputSplit();
            // 获取文件名
            table_name = split.getPath().getName();
        }
        @Override
        protected void map(LongWritable key, Text value, Context context)
            throws IOException, InterruptedException {
            String line = value.toString();
            String[] fileds = line.split(",");
            ProductBean productBean = null;
            if (table_name.startsWith("product_info_")) {
                // product_info_*:商品信息表,将数据存入 ProductBean 对象
                productBean = new ProductBean(fileds[0], fileds[1], Integer.parseInt(fileds[2]),
                    Double.parseDouble(fileds[3]), fileds[4], "NULL", "NULL", table_name);
            } else {
                // 否则,将商品评价表(product_comment_*)中的数据存入 ProductBean 对象
                productBean = new ProductBean(fileds[0], "NULL", -1, -1, "NULL",
                                                fileds[1], fileds[2], table_name);
            }
```

```java
                // 将商品ID作为map输出数据的key,productBean作为value输出reduce task
                context.write(new Text(productBean.getProduct_id()), productBean);
        }
    }
    public class ProductJoinReducer extends Reducer<Text, ProductBean, ProductBean, NullWritable> {
        @Override
        protected void reduce(Text key, Iterable<ProductBean> values, Context context)
                throws IOException, InterruptedException {
            // 定义一个bean存放商品信息表
            ProductBean productBean = new ProductBean();
            // 定义一个商品评论列表
            ArrayList<ProductBean> commentList = new ArrayList<>();
            try {
                // 分离商品数据和评价数据
                for (ProductBean bean : values) {
                    if (bean.getTable_name().startsWith("product_info_")) {
                        BeanUtils.copyProperties(productBean, bean);
                    } else {
                        ProductBean commentBean = new ProductBean();
                        BeanUtils.copyProperties(commentBean, bean);
                        commentList.add(commentBean);
                    }
                }
                // 遍历商品评论列表,填充商品信息数据
                for (ProductBean productComment : commentList) {
                    // 使用商品ID关联数据
                    if (!productComment.getProduct_id().isEmpty()
                            && !productBean.getProduct_id().isEmpty()
                            && productComment.getProduct_id().
                                equals(productBean.getProduct_id())) {
                        productComment.
                            setProduct_category(productBean.getProduct_category());
                        productComment.
                            setProduct_sales(productBean.getProduct_sales());
                        productComment.
                            setProduct_price(productBean.getProduct_price());
                        productComment.
                            setProduct_desc(productBean.getProduct_desc());
                        context.write(productComment, NullWritable.get());
                    }
                }
            } catch (Exception e) {
                e.printStackTrace();
            }
```

        }
    }

#### 4. 开发驱动类

本案例的驱动类开发采用了继承 Configured 类且实现了 Tool 接口的方式，主要实现代码如下。

```
public class JobSubmitter extends Configured implements Tool {
    public static void main(String[] args) {
        JobSubmitter job = new JobSubmitter();
        int res = 0;
        try {
            res = ToolRunner.run(job, args);
        } catch (Exception e) {
            e.printStackTrace();
        }
        System.exit(res);
    }
    @Override
    public int run(String[] args) throws Exception {
        Path inputPath = new Path(args[0]);
        Path outputPath = new Path(args[1]);
        Job job = Job.getInstance(getConf(), "product_comments_join");
        FileInputFormat.setInputPaths(job, inputPath);
        FileOutputFormat.setOutputPath(job, outputPath);
        job.setJarByClass(JobSubmitter.class);
        job.setMapperClass(ProductJoinMapper.class);
        job.setMapOutputKeyClass(Text.class);
        job.setMapOutputValueClass(ProductBean.class);
        job.setReducerClass(ProductJoinReducer.class);
        job.setOutputKeyClass(ProductBean.class);
        job.setOutputValueClass(NullWritable.class);
        return job.waitForCompletion(true) ? 0 : 1;
    }
}
```

#### 5. 运行 MapReduce 程序

执行 maven package 将项目编译为 JAR 包，并且通过执行以下命令运行 MapReduce 程序。

```
hadoop jar hadoop_case-1.0-SNAPSHOT.jar              //执行 JAR 文件
    com.inspur.hadoop.join.JobSubmitter              //驱动类名称
    hdfs://192.168.100.100:8020/10-3/input           //HDFS 上源数据目录
    hdfs://192.168.100.100:8020/10-3/output          //结果数据目录
```

执行成功之后，会在 HDFS 的 "/10-3/output" 目录下出现 part-r-00000 结果文件。

# 本章小结

本章首先从 Avro 概述、Schema、Avro 序列化和反序列化三个方面对 Apache Avro 做了介绍，为后面案例的开发奠定了基础；然后分别从需求概述、数据描述、设计思路分析和功能实现等方面讲解了 Avro 文件合并多目录、网页域名分区统计和电商平台商品评价数据分析三个案例。其中，Avro 文件合并多目录案例主要讲解如何在 MapReduce 中处理存储在多个 Avro 文件上的数据，并将处理结果输出到不同的 Avro 文件中；网页域名分区统计案例主要讲解对互联网数据进行数据抽取、Avro 数据反序列化和定义分区输出规则；电商平台商品评价数据分析案例主要讲解如何对大数据表进行关联操作。所以，本章既是对前面知识的回顾和复习，也是将理论知识应用到实际开发的综合项目案例。只有把理论知识同具体实际相结合，才能正确回答实践提出的问题，扎实提升读者的理论水平与实战能力。

# 习题

一、填空题

1. Avro Schema 的基本类型中表示空值的是_____，表示 8 位无符号字节序列的是_____。
2. Avro Schema 的复杂类型中 record 类型定义 record 名称的属性是_____，限定名称的属性是_____。
3. 定义 Avro Schema 类型的属性是_____，定义 JSON 数组的属性是_____。

二、简答题

1. 简述 Apache Avro 的主要功能。
2. 简述 Avro 序列化与反序列的过程。

三、上机题

按照要求完成以下操作。

（1）定义 Student 的 Schema，包括 sid（学号）、name（姓名）、age（年龄）属性。
（2）分别使用 avro-tools jar 和 maven 自动创建 Student.java 类。
（3）创建 Student 测试对象，并将其数据序列化到磁盘中。
（4）将上一题保存在磁盘中的文件反序列化为对象。